Embedded System Design using Arduino

아두이노를 활용한 임베디드 시스템 설계

| 저자 류 지 열 |

PUKYONG NATIONAL UNIVERSITY PRESS
부경대학교 출판부

아두이노를 활용한 임베디드 시스템 설계
Embedded System Design using Arduino

2018년 3월 5일 발행

저　자 | 류 지 열
발행인 | 김 영 섭
발행처 | 부경대학교 출판부
주　소 | 부산광역시 남구 용소로 45
전　화 | (051) 629-6914
F A X | (051) 629-6917
E-Mail | upress@pknu.ac.kr

값 16,000원

ISBN 979-11-87263-18-0 93560

이 도서의 국립중앙도서관 출판예정도서목록(CIP)은 서지정보유통지원시스템 홈페이지(http://seoji.nl.go.kr)와 국가자료공동목록시스템(http://www.nl.go.kr/kolisnet)에서 이용하실 수 있습니다.(CIP제어번호: CIP2018006027)

| 머리말 |

이 책은 최근 전자 및 정보통신공학분야에서 중요하게 다뤄지고 있는 유비쿼터스 컴퓨팅 및 사물인터넷(IoT, Internet of Things) 기술과 관련하여 임베디드시스템 개발에 관한 것이다. 정보화시대라는 시대적 요구에 발맞추어 컴퓨터공학, 정보통신공학, 전자공학 등을 전공하는 학부생들이 임베디드시스템에 대한 기초와 실무에 다양하게 접할 수 있고, 캡스톤디자인 작품을 제작하는데 도움이 되는 교재의 필요성을 느껴 집필하게 되었다.

이 책은 아두이노를 이용한 다양한 기초 및 응용 프로젝트를 수록하고 있다. 각 프로젝트의 하드웨어적인 구성은 간단하지만 모두 통신 모듈을 활용하기 때문에 캡스톤디자인 교과목에서 사물인터넷 작품을 만드는데 필요한 기초 내용을 학습할 수 있다. 이 책의 장점은 아두이노를 활용해 대화하는 사물을 만들 수 있도록 가이드를 해준다는 점이다. 수록된 내용들을 바탕으로 본인만의 아이디어를 더 발휘해보면 분명 일상생활에 이로운 다양한 작품들을 직접 만들 수 있을 것이다.

아두이노로 구현한 창작품은 그 자체만으로도 훌륭한 경우가 많지만 이런 창작품들이 다양한 유무선 통신 방법을 이용해 서로 대화하고 더 나아가 휴대폰 및 인터넷과도 연결될 수 있다. 이 책은 아두이노에 통신 모듈을 더해 서로 대화할 수 있는 작품을 구성하여 다양한 프로젝트를 구현할 수 있도록 단계별로 설명하고 있다.

이 책을 통하여 임베디드시스템 및 아두이노에 대한 마인드가 확산되며, 유비쿼터스 컴퓨팅 및 사물인터넷 시대를 선도할 인력 양성에도 도움이 되길 바란다.

이 책은 11장으로 구성되어 있다. 제 1장은 임베디드 시스템 개요를 통해 개념 위주의 설명을 하였고, 임베디드 시스템의 특징, 응용 분야, 개발 환경, 개발 시 유의 사항 등에 대하여 다루었다. 제 2장은 아두이노 (Ardunio) 특성과 본 교재 실습용 키트와 관련하여 RCO 아두이노 구성, RCO ADK 핀 매핑 레이아웃 및 테이블 등에 대한 내용을 다루었다. 제 3장은 아두이노 프로그램 설치 및 개발 환경 구축과 RCO ADK 보드 연결 등에 대한 내용을 소개하였다. 제 4장은 아두이노 프로그램에서 제공하는 기본적인 예를 분석하여 아두이노 프로그램에 대한 이해를 돕도록 하였다. 제 4장부터 제 9장까지는 디지털 IO 모듈 실험, AD 테스트 모듈 실험, 문자형 LCD 모듈 실험, 7SEGMENT 모듈 실험, RELAY 모듈 실험, PWM 모듈 실험, RTC 모듈 실험, 온도 및 습도 모듈 실험, ULTRA-SONIC 모듈 실험, MOTOR 모듈 실험, Bluetooth 모듈 실험, 인터럽트 실험, 라이브러리 제작 실험 등 모든 실습을 하나씩 따라할 수 있도록 단계별로 설명하고 있다. 제 10장에서는 아두이노 스케치 프로그램에 필요한 프로그래밍 작성 기술과 프로그래밍 구조 및 제어 문장에 대한 학습 내용을 다루었다. 마지막으로 제 11장에서는 아두이노 프로그램 실습에 필요한 다양한 코드 예를 기술하여 캡스톤디자인 및 프로젝트를 수행하는 학부생들에게 도움이 되도록 구성하였다.

저자는 최선을 다하여 이 책을 집필하였으나 여러 가지 미비한 점이 발견될 것으로 생각된다. 독자 제위의 엄격한 충고와 의견을 기다려 지속적으로 수정 보완할 것을 약속드린다.

끝으로 이 책이 나오기까지 RCO와 관련한 자료를 제공해 주신 ㈜피케이시스템의 김신곤 사장님에게 고마움을 표한다. 아울러 마지막까지 원고 교정을 위해 많은 노력과 시간을 아끼지 않은 출판사 및 관계하신 여러분께 깊은 사의를 드린다.

2017년 8월

저자 올림

| 차 례 |

Chapter 1 임베디드 시스템 개요 • 13

Chapter 2 아두이노 개요 • 37

Chapter 3 프로그램 설치 및 개발 환경 • 49

Chapter 4 아두이노 프로그램 시작하기 • 69

Chapter 5 모듈 실습 (1) • 87

Chapter 6 모듈 실습 (2) • 103

Chapter 7 모듈 실습 (3) • 123

Chapter 01

임베디드 시스템 개요

| 학습목표 |

- 임베디드 시스템의 기본 개념 및 특징, 응용 분야를 이해한다.
- 임베디드 시스템과 밀접한 관계가 있는 실시간 시스템의 개념을 소개한다.
- 임베디드 소프트웨어와 임베디드 하드웨어에 대해 알아본다.
- 임베디드 시스템 개발 환경에 대해 알아본다.

| 목차 |

1.1. 임베디드 시스템의 정의

임베디드(embedded)라는 단어는 내장된, 고정된 등의 의미를 가지고 있다. 단어에서 유추해 볼 수 있듯이 무엇인가 내장된 시스템이라는 것을 짐작할 수 있다. 임베디드 시스템(embedded system)은 '미리 정해진 특정 기능을 수행하기 위해 하드웨어와 소프트웨어가 내장된 전자 제어시스템' 또는 '큰 시스템의 내부에 존재하는 소형 시스템'을 말한다. 이는 간단하고 순차적인 기능만을 요구하는 초기의 임베디드 시스템에 해당하며, 단순한 논리회로로 구성된 시스템이라고 할 수 있을 뿐만 아니라 최근 단순 회로만으로 이루어진 장치가 아닌 마이크로프로세서(micro-processor)가 내장되어 있다. 이러한 마이크로프로세서를 운용하며 제한된 기능을 수행 및 관리하는 프로그램이 포함된 시스템을 임베디드 시스템이라고 한다. 그러나 마이크로프로세서, 네트워크, 집적회로 기술 등이 발전함에 따라 임베디드 시스템은 그 이상의 시스템을 나타내게 되었다.

일반적으로 임베디드 시스템이란 특정 기능을 반복적으로 수행하기 위해 컴퓨터의 하드웨어와 소프트웨어가 결합된 고기능의 전자 제어시스템을 말한다. 즉, 단순한 논리회로로 구성된 하드웨어 시스템이 아니라, 마이크로프로세서 혹은 마이크로컨트롤러를 내장하여 제작자가 의도한 다양한 기능을 수행하는 소프트웨어를 포함하는 시스템이다. 최근에는 범용 컴퓨팅 시스템을 제외한 모든 컴퓨팅 시스템을 의미하기도 한다.

초기의 임베디드 시스템은 주로 산업용이나 군사용이었기 때문에 일반인들에게는 생소하였다. 엘리베이터 시스템, 항공 관제 시스템, 우주선 제어장치, 군사용 제어장치 등이 이에 해당한다. 그러나 컴퓨터, 반도체, 정보 통신 기술의 발전으로 임베디드 시스템이 일반인의 생활 깊숙이 들어오게 되었다. 즉, 일상 자전제품은 더 이상 단순한 회로만으로 구성된 것이 아니라, 마이크로프로세서를 내장하여 웹 서핑이 가능한 TV, 화상 통신이 가능한 냉장고, 원격 조정이 가능한 밥솥 등과 같이 다양한 기능을 제공한다. 그리고 스마트폰, PDA, 사이버 아파트의 홈 관리 시스템, 교통 관리 시스템, 주차 관리 시스템, 네비게이션 등과 같이 임베디드 시스템 기술이 적용된 수많은 장치들이 우리 생활과 밀접하게 관련되어 도움을 주고 있다. 기술의 발전과 인간이 끊임없이 고기능 및 다기능을 요구한다는 것을 고려해 볼 때 임베디드 시스템의 성장은 더욱 증가될 것이 분명하다.

1.2. 임베디드 시스템의 특징

임베디드 시스템은 크게 임베디드 하드웨어와 임베디드 소프트웨어로 구성되며, 임베디드 하드웨어는 일반적으로 프로세서/컨트롤러, 메모리, 입출력(I/O) 장치, 네트워크 장치, 센서, 구동기 등으로 구성되며, 임베디드 소프트웨어는 운영체제, 시스템 소프트웨어 및 응용 소프트웨어로 구성된다.

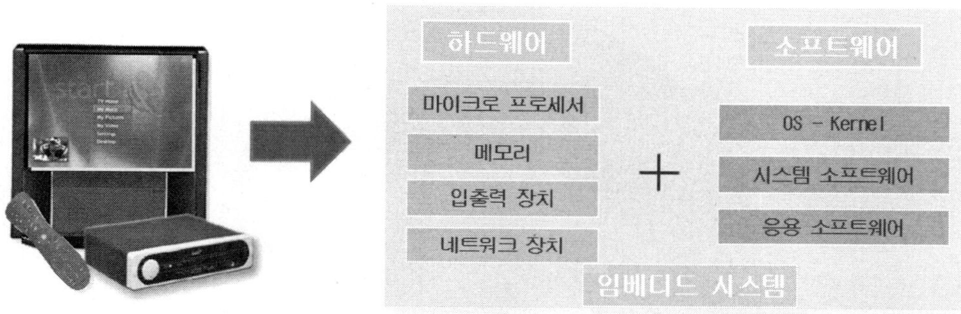

그림 1.1. 임베디드 시스템 구성

임베디드 시스템은 범용 컴퓨팅 시스템보다 요구사항이 다소 까다롭다. 예를 들면, 휴대폰이 무겁고 수시로 충전해야 한다면 고유의 기능을 수행할 수 없고, 특정 계절에 자동차의 엔진 제어가 불가능하다면 상품성이 전혀 없다. 최신 기술, 확장성, 다양한 기능 대신에 필요한 기능만 구현하여 최대 효과를 내도록 제품을 설계하고, 제조하여 생산 가격을 낮춘다. 임베디드 시스템의 요구 사항과 특징을 정리하면 다음과 같다.

- **강한 제약성**: 휴대용 기기나 대형 시스템의 일부 기능을 수행하기 위해 소형, 경량, 저전력 및 실시간 반응을 요구한다.
- **특정 기능**: 다양한 작업보다 특정한 기능에 부합하는 최적 설계된다.
- **내장성**: 일반적으로 별도의 장치보다 내장 방식(built-in)으로 설계된다.
- **안정성 또는 신뢰성**: 항공 관제 시스템이나 원자력 발전의 경우 하드웨어와 소프트웨어의 사소한 오류 발생에도 치명적일 수 있다.

• 제한된 시스템 자원: 가격 및 휴대성과 연관되기 때문에 최적화된 상품을 위해 하드웨어와 소프트웨어를 병행하여 개발한다. 특히 입력장치의 경우 키보드보다는 센서, 터치 버튼, 다이얼 등을 사용하며, 출력장치도 소규모 LCD, 7-세그먼트 디스플레이, 발광다이오드 등을 사용한다.
• 깔끔한 오류 처리: 임베디드 시스템은 대부분 비전문가들이 사용가능하므로, 사용자의 개입을 최소화해야 한다. 이를 위해 오류가 발생할 경우 깔끔한 처리가 요구된다.

그림 1.2. 임베디드 시스템 특징

1.3. 임베디드 시스템의 활용 분야

임베디드 시스템은 실제로 우리 주변에서 매우 다양하게 사용되고 있다. 임베디드 시스템은 일반 PC와는 비교할 수 없을 정도의 수많은 분야에서 다양한 형태로 사용되고 있어서 생활 주변에서 쉽게 찾아 볼 수 있다. 정보 가전, 휴대폰, 스마트 폰, 영상 전화기 등의 정보 단말, 통신 장비, 항공 및 군사용, 물류 및 금융, 교통 및 차량, 사무 자동화 제품, 산업 및 제어, 의료 등 다양한 분야에서 임베디드 시스템을 볼 수 있다. 정보 가전은 TV, 냉장고, 세탁기, 청소기 등 가전 용품을 인터넷 등에 연동할 수 있게 만들어 생활에 더 유용하게끔 만들어진 가전 용품을 말한다.

최근에는 홈 네트워크의 발전으로 생활 용품에서 인터넷을 사용할 수 있게 하여 쇼핑 및 제어 등이 가능해졌다. 그 밖에도 자동차, 우주, 항공, 군사, 의료 장비, 공장 제어, 산업용 기기, 엘리베이터 시스템, 교통관리 시스템, 자동 현금 지급기(ATM, Automated Teller Machine) 등으로 영역을 확대하여 우리 생활에 매우 밀접하게 관련되어 있다.

일종의 임베디드 시스템은 생활 어디에서나 컴퓨팅이 가능한 제품(유비쿼터스)을 사용할 수 있게 해주는 역할을 한다. 임베디드 시스템의 응용 분야를 정리하면 다음과 같다.

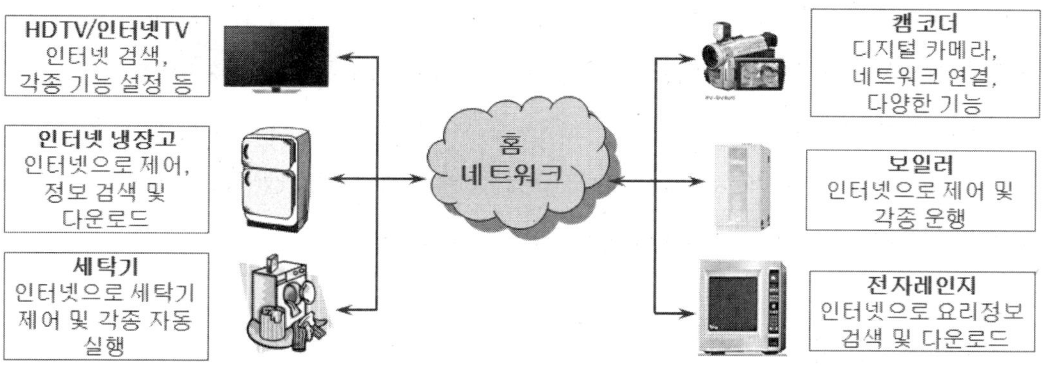

그림 1.3. 임베디드 시스템 특징

- 정보가전: 세탁기, 오디오, 인터넷 냉장고, HDTV 등
- 제어분야: 공장자동화, 가정자동화, 로봇 제어, 공정 제어 등
- 정보기기: 핸드폰, 스마트 폰, LBS 등
- 네트워크기기: 교환기, 라우터, 공유기, 홈 게이트웨이 등
- 게임기기: 가정용 게임기(PS2, XBox), 지능형 장난감 등
- 항공/군용: 비행기, 우주선, 로켓, 야전 이동단말(GPS, GIS)
- 물류/금융: ATM, RFID, 물류단말, 영업단말 등
- 차량/교통: 자동차, ITS (Intelligent Transportation System)등
- 사무, 의료: 전화기, 프린터, Heart pacer, 수술로봇, 증강현실장비 등

1.4. 실시간 시스템

보통 실시간 시스템(real time system)이란 주어진 입력에 대하여 정해진 시간 내에 행동 혹은 반응할 수 없을 때 문제가 발생하는 시스템을 말한다. 즉, 외부 자극에 대하여 어떠한 열악한 환경에서도 마감시간 이내에 논리적으로 정확한 출력 혹은 결과를 내는 적시성(timeliness)을 가진 시스템을 의미한다. 실시간 시스템은 논리적으로 정확해야 하지만 동시에 시간적으로 정확해야 오류가 발생하지 않는 시스템을 의미한다. 대부분의 임베디드 시스템은 하드웨어를 제어하는 것이 주요 목적이기 때문에 실시간 개념이 매우 중요하다고 볼 수 있다. 일반적인 컴퓨팅시스템도 하드웨어를 제어하지만 응용 소프트웨어를 실행하기 위해 필요한 기본적인 하드웨어 제어만 수행한다. 하지만 임베디드 시스템은 응용 소프트웨어가 아니라 하드웨어를 제어하기 위해 필요한 소프트웨어를 수행한다. 실시간 시스템의 마감시간에 대한 민감성은 시스템마다 다르지만 마감시간 내에 결과를 얻지 못할 경우 발생하는 문제의 심각성에 따라 크게 경성 실시간 시스템(hard real time system)과 연성 실시간 시스템(soft real time system)으로 분류된다.

① 경성 실시간 시스템

경성 실시간 시스템은 입력에 대해 어떠한 열악한 환경에서도 반드시 마감시간 내에 완벽히 동작하여 결과를 제공해야 한다. 제어작업이 마감시간을 어기는 경우 응용프로그램이 실패하며 시스템에 치명적인 영향을 주는 time-critical 속성을 지닌 시스템을 의미한다. 그러나 이러한 시스템이 무조건 신속한 속도를 요구하는 것은 아니다. 경성 실시간 시스템에는 화재 발생 검출 시스템, 항공기, 우주 왕복선, 원자력 발전소 제어, 자동차, 미사일 제어 등이 있다.

② 연성 실시간 시스템

연성 실시간 시스템은 마감시간을 어긴 단위 제어 작업의 무효화로 시스템의 평균적 성능에 미세한 영향을 주는 시스템을 의미한다. 정보 단말기를 이용하여 화상 및 음성 통화를 하는 경우 화상이나 음성 신호가 실시간성을 만족하지 못하면 상대방의 입 모양과 스피크를 통해 출력되는 소리가 서로 동기화되지 못할 것이다. 하지만 이러한 지연된 반응은 시스템에 치명적이 아닌 미세한 영향을 준다. 이러한 시스템의 대표적인 예로 정보 단말기, DMB, IPTV, 데스크탑 컴퓨터, 네트워크 관련기기 등이 있다.

1.5. 임베디드 하드웨어 및 소프트웨어

① 임베디드 하드웨어

임베디드 하드웨어는 일반적으로 프로세서/컨트롤러, 메모리, 입출력(I/O) 장치, 네트워크 장치, 센서, 구동기 등으로 구성된다.

■ 프로세서

임베디드 시스템의 핵심 부분으로 반도체 회사에서 많은 종류의 제품들을 시판하고 있으며, 프로세서의 클럭속도는 수 GHz를 가진다. 8비트, 16비트, 32비트, 64비트 등 데이터 버스의 크기와 기본연산의 단위에 따라 선택할 수 있다. 마이크로 프로세서와 마이크로 컨트롤러의 차이점으로는 마이크로 프로세서는 CPU 코어만을 하나의 칩(chip)으로 구성한 경우를 말하며, 마이크로 컨트롤러는 CPU 코어에 여러 종류 및 크기의 메모리, 네트워크 입출력 장치, TPU 등의 타이머 프로세서 장치 등 다양한 주변장치들까지 포함한다.

프로세서는 목적에 따라 범용 프로세서, 특수 목적 프로세서 및 단일 목적 프로세서로 분류될 수 있다. 범용 프로세서는 구현하고자 하는 기능이 많기 때문에 넓은 공간을 필요로 하고 비용이 많이 들지만 다양한 기능을 수행할 수 있다. 특수 목적 프로세서는 범용 프로세서보다 작은 공간이 필요하며, 유사한 기능을 모두 수행할 수 있다. 단일 목적 프로세서는 상대적으로 매우 작은 공간으로 충분하지만 단지 원하는 기능만을 수행할 수 있다. 따라서 원하는 작업을 수행하기 위해 추가 작업이 필요하지만 융통성이 없다. 그림 1.4는 프로세서의 구성을 나타낸 것이다. 프로세서의 구성 요소인 연산기, 레지스터 파일, 제어장치 등으로 나타내었다.

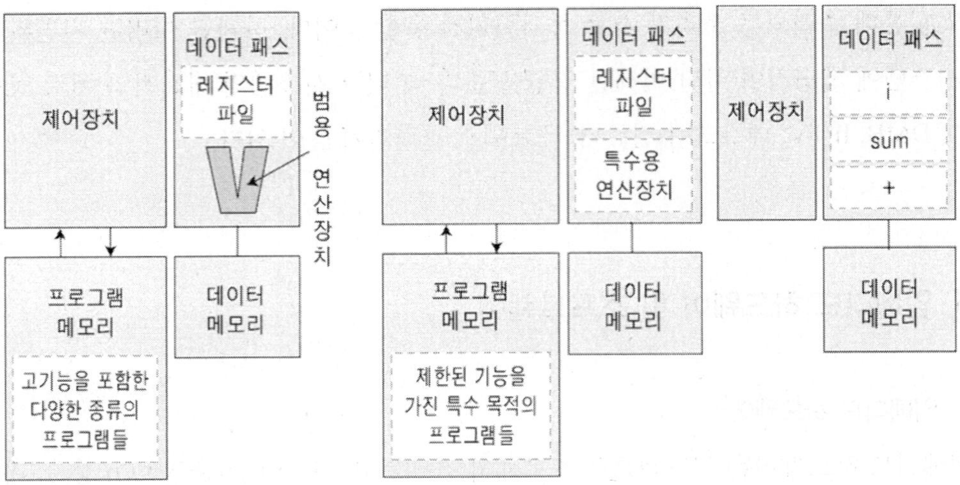

(a) 범용 프로세서 (b) 특수 목적 프로세서 (c) 단일 프로세서

그림 1.4. 프로세서 구성 (출처: 임베디드 리눅스 기초와 활용, 우종정 외 1인, 2007)

표 1.1. 임베디드 시스템 구현을 위한 프로세서 모델에 따른 비교

종류	범용 프로세서	특수 목적 프로세서	단일 목적 프로세서
하드웨어	복잡	보통	단순
프로그램 메모리	대용량	소용량	필요 없음
연산 장치	범용	소수 기능	단일 기능
성능	저조	보통	우수
크기 및 소모 전력	많음	보통	적음
초기 투자 비용	적음	보통	많음
구현 시간	짧음	보통	장시간
구현 방식	소프트웨어	소프트웨어 또는 하드웨어	하드웨어

(출처: 임베디드 리눅스 기초와 활용, 우종정 외 1인, 2007)

표 1.1은 세 가지 프로세서를 사용해 임베디드 시스템을 구현했을 때 하드웨어 복잡도, 구현 방식, 초기 투자 비용 등을 비교한 표를 나타낸 것이다. 임베디드 시스템을 시장에 빨리 출시하려면 범용 프로세서를 선택하는 것이 좋다. 그러나 필요 없는 자원까지 포함하기 때문에 성능이 저조할 수도 있다. 또한 대량으로 생산하지 않을 경우 제품단가가 높다는 단점이 있다.

반대로 구현 시간이 충분하다면 단일 목적 프로세서를 선택하는 곳이 바람직하다. 소량 생산인 경우 제품 단가가 매우 높아진다. 특수 목적 프로세서는 범용 프로세서와 단일 목적 프로세서를 절충한 것으로 공통 특징을 가진 응용 분야를 가진 그룹에 대해 최적화된 프로그래밍이 가능한 프로세서다. 반도체 기술의 급속한 발달과 사용자의 다양한 요구 등으로 인해 임베디드 시스템은 최근 범용 프로세서나 특수 목적 프로세서를 주로 이용한다.

임베디드 시스템 프로세서의 종류로는 CISC(Complex Instruction Set Computer)와 RISC (Reduced Instruction Set Computer)를 들 수 있다. CISC는 복잡하고 다양한 고기능의 명령어를 갖는 아키텍처로서 x86계열이다. RISC는 명령어의 개수를 줄이고 동일 규격화하여 명령어 수행의 파이프라이닝(pipelining)을 극대화하며, 저전력 소모에 저가로 생산할 수 있도록 한 아키텍처를 말한다. RISC 프로세서에는 ARM, MIPS, PowerPC, SPARC, SH, PIC 등이 존재한다.

CISC의 대표적인 특징

- 명령어의 수가 많다(100-250).
- 다양한 주소지정 모드(Addressing Mode)가 있다(5-20).
- 명령어 길이가 가변적이다.
- 메모리에서 오퍼랜드(피연산자)를 조작하는 명령어들이 많다.

RISC의 대표적인 특징

- 적은 명령어 수 (30-100)
- 적은 주소지정 모드(Addressing Mode)
- 명령어 길이가 고정적이다.
- 메모리를 액세스하는 명령은 LOAD, STORE 뿐이다.
- 모든 오퍼랜드(피연산자)는 CPU내의 레지스터에서 조작된다.
- 하나의 사이클에 하나의 명령어 실행이 가능하다.

■ 메모리

메모리는 프로그램과 데이터를 저장하는 역할을 한다. 표 1.2는 임베디드 시스템 구현을 위한 프로세서 모델에 따른 비교를 나타낸 것이다.

■ 전원(Power Supply)부

임베디드 하드웨어는 일반적으로 프로세서/컨트롤러, 메모리, 입출력(I/O) 장치, 네트워크 장치, 센서, 구동기 등 다양한 하드웨어로 구성되어 있기 때문에 이러한 하드웨어에 안정한 전력을 공급하는 것이 절대적으로 필요하며, 이를 위해서는 전원부의 설계가 매우 중요하다. 그림 1.5와 같이 외부로부터 5V의 전압이 입력되면 프로세서(MCU)와 기타 회로에 각각 서로 다른 전압이 공급된다. 5V의 입력 전압을 3.3V 또는 그 이하의 전압으로 변화하는 역할을 하는 부품이 DC-DC 변환기 또는 레귤레이터(regulator)이다. 레귤레이터는 회로에 일정한 전압을 제공하기 위해 사용하는 부품을 말한다. LDO(Low Drop-Out regulator)는 일종의 선형 레귤레이터로서 이름 그대로 DC-DC 변환기와 달리 레귤레이팅할 때 전압강하가 작으며, 리플(ripple)이 작다는 장점이 있다. 또한 회로가 DC-DC 변화기에 비해서 간단하기 때문에 가격이 저렴하다는 장점도 가진다. Drop-Out 전압이란 레귤레이터가 공칭 값 100mV 이내로 유지시키는 데 필요한 출력 전압 차동(differential)에 대한 최소한의 입력 전압을 의미한다. MCU는 아날로그 전압(3.3V)과 디지털 전압(1.1~1.45V 등) 모두 필요하다. 특히 고속으로 동작(최근에는 3.3GHz 이상의 클럭 속도로 동작)하기 때문에 안정된 전압 공급이 필수적이다. 따라서 그림 1.5와 같이 전압강하 및 리플이 작은 LDO를 사용해서 전압 변환을 한다.

표 1.2. 임베디드 시스템 구현을 위한 프로세서 모델에 따른 비교

대분류	중분류	세분류	특징
비 휘발 (non-volatile)	ROM	Mask ROM	칩 제조사에서 영구적으로 자료를 저장한 ROM
		EEPROM	전기적으로 반복 삭제 가능한 ROM, 바이트 단위로만 쓰기 가능
	FLASH		블록 단위로 읽기 및 쓰기 가능 읽기는 빠른 (수 ms) 반면 쓰기는 느림(70-100ns) NAND 및 NOR 형태가 있음

휘발성 (volatile)	SRAM	하나의 cell이 6개의 트랜지스터로 구성된 flip-flop을 사용 용량의 약점과 빠른 접근 시간의 장점 비동기적 SRAM(ASRAM)과 동기적 SRAM(SSRAM)이 있음
	DRAM	하나의 cell이 하나의 트랜지스터와 1 개의 커패시터로 구성 용량의 장점과 refresh의 필요성으로 인한 SDRAM에 비해 상대적 느린 접근 속도의 단점

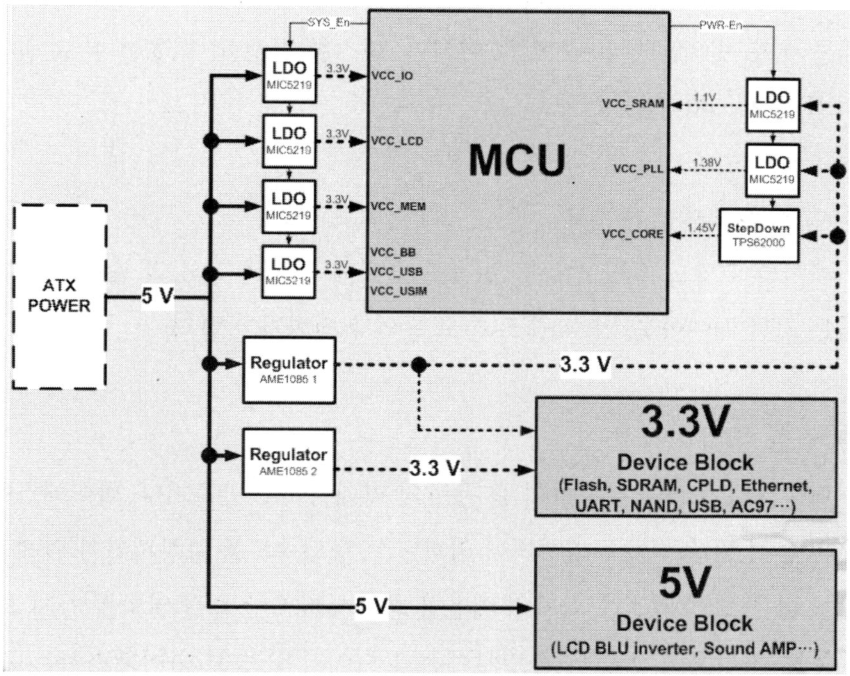

그림 1.5. 일반적인 임베디드 하드웨어의 전원부 구성

■ 기타 부품

임베디드 하드웨어에 사용하는 기타 부품으로 커패시터(콘덴서)를 들 수 있다. 커패시터는 전기를 축적하는 기본적인 기능을 가지며, coupling(직류 전류를 차단하고 교류 전류를 통과시키는 기능), 출력 파형 평활화, decoupling(잡음을 bypass, 잡음 제거), 온도 보상 및 안정화, 공진 및 튜닝(tuning) 등 다양한 기능을 가지기 때문에 임베디드 하드웨어 구축에 필연적으로 사용하는 부품이다. 커패시터 사용 시 유의 점은 다음과 같다.

가. 대용량 적층 세라믹 콘덴서

- 종래의 IC 회로에 사용하는 경우, 저 ESR(Equivalent Series Resistance, 등가 직렬 저항) 특성으로 인해 발진 가능성이 있음.

나. 소형 대용량 적층 세라믹 콘덴서

- 소자의 양단자 단을 개방한 채로 온도를 변화시키면 초전효과에 의해 전압이 발생하는 경우가 있음. - 방지대책: 소자와 병렬로 50kohm 정도의 저항을 부가.
- 사용 온도 범위는 －40~+125°C이지만, 펄스를 발생할 수 있는 온도 범위는 소자의 특성상 －40~+60°C.

다. 어레이 적층 세라믹 콘덴서

- 어레이의 고밀도 실장 성능을 인출하기 위해 인접된 전극 간 솔더 브리지를 방지하는 기판 레이아웃, 양, 리플로 온도 등의 최적화가 바람직.

라. 병렬 연결 시 내압 특성

- 커패시터의 용량이 부족하여 큰 용량의 커패시터로 만들거나, 바이패스하여 오디오의 음질 및 음색을 튜닝하거니 임피던스, 응답속도를 향상시키기 위해 사용
- 너무 많은 병렬 연결은 회로의 왜율을 증가시키거나 음질 열화를 가져 오므로, 전원부의 평활용이 아닌 커플링부에는 3개 이상을 병렬 바이패스하는 것은 좋지 않음.
- 계산식: $C = C_1 + C_2 + C_3,\ V = V_1\ (V_1 < V_2 < V_3)$

  ($Q = CV$ 관계식에서 Q가 일정하려면 C가 증가되어도 V는 일정해야 함)

마. 직렬 연결 시 내압 특성

- 주로 커패시터의 허용전압이 낮아서 높은 내압의 커패시터를 구할 수 없을 때, 커패시터의 허용전압을 높이기 위해 사용.
- 이때 커패시터의 용량은 반감됨.

- 계산식: $1/C = 1/C_1 + 1/C_2 + 1/C_3$, $V = V_1 + V_2 + V_3$
  ($Q = CV$ 관계식에서 Q가 일정하려면 C가 감소되므로 V는 증가해야 함)
- 즉, 직렬 연결 시 총 용량(C)은 반감되며, 허용전압(V)은 커패시터 내압을 전부 합한 값.

바. 콘덴서 허용전압(내압) 계산법

- 콘덴서는 몸체에 허용전압이 기재되어 있는데, 이는 허용전압이 넘는 회로에는 사용해서는 안됨.
- 만일 콘덴서에 허용전압 이상의 전압이 걸릴 경우 손상되어 사용이 불가능하거나 수명을 단축시킴.
- 또한 오디오에는 동작전압 외에 순간적인 리플 전압이 발생되므로, 가능한 리플 발생분인 1.41을 동작전압에 곱한 수치의 전압을 가진 콘덴서를 사용하는 것이 좋음. 회로 상의 직류전압 × 1.41
- 전해 콘덴서 16V의 의미는 일반적으로 사용 조건이 순방향 16V 이하의 내압 조건에서 사용되어져야 함을 의미.
- 그러나 전압 변동에 따라 문제가 없도록 제품 내압을 20V까지 견디도록 관리하고 있음.
- 일반적으로 전해 콘덴서의 역방향은 내압이 0V임.

② 임베디드 소프트웨어

임베디드 소프트웨어는 하드웨어를 제어하기 위해 임베디드 시스템에 내장되는 명령어 집합을 의미한다. 제한된 하드웨어 자원에서 동작해야 하므로 일반적으로 크기가 작다. 따라서 소프트웨어를 하드웨어에 최적화하여 사용한다. 또한 임베디드 시스템의 하드웨어가 다양하기 때문에 탑재되는 임베디드 소프트웨어의 종류도 다양하고 복잡하다. 대부분의 경우 센서 또는 버튼 등을 통하여 입력된 외부 자극에 대해 사건 구동 방식으로 동작한다. 임베디드 소프트웨어는 운영체제, 시스템 소프트웨어 및 응용 소프트웨어로 구성된다.

표 1.3. 임베디드 소프트웨어 주요 기술 분야 및 사례

기술 구분	활용 사례
임베디드 응용 소프트웨어	멀티미디어 재생기, 브라우저, PIMS 응용, 차량 항법 시스템 등
임베디드 미들웨어	JVM, CORBA, 무선 인터넷 플랫폼, 통신 프로토콜 관리기 등
임베디드시스템 소프트웨어	모바일 데이터베이스 관리 시스템, 디바이스 드라이버, 저전력 지원 등
임베디드 개발 프레임워크	컴파일러, 디버거, 모바일 환경에 적합한 각종 시뮬레이터, 실시간 모니터, 이동 모니터 등
임베디드 소프트웨어 플랫폼	임베디드리눅스, 윈도우 CE, J2ME 등

(참조: 임베디드 소프트웨어 산업 육성 기획 연구, ETRI, 2002)

그림 1.6은 운영체제에 따라 임베디드 소프트웨어를 분류한 것이다. 최근 하드웨어와 범용 운영체제 기술의 발달로 범용 운영체제의 사용이 늘고 있다.

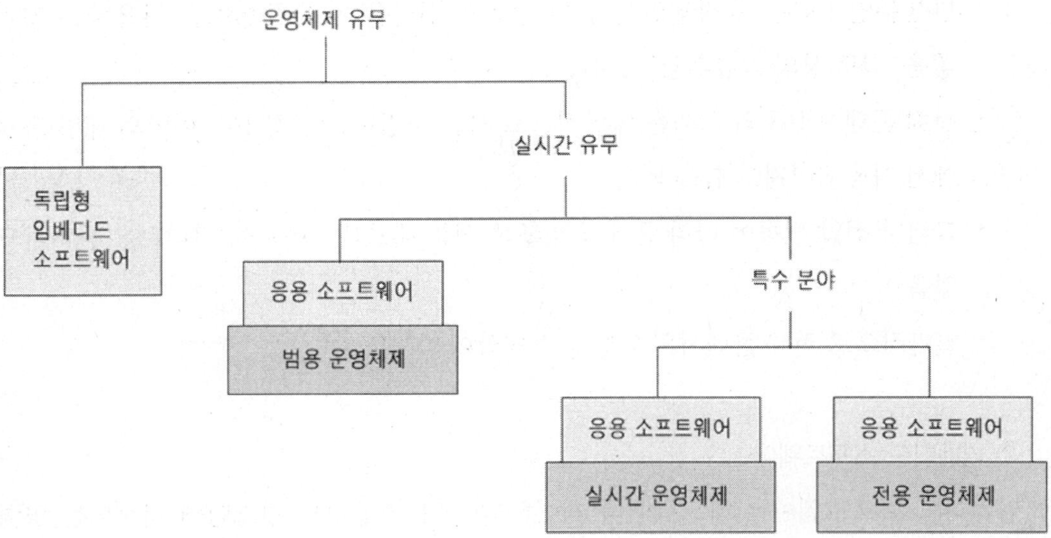

그림 1.6. 운영체제에 따른 임베디드 소프트웨어
(출처: 임베디드시스템 프로그래밍, 우종정 외 1인, 2006)

■ 시스템 소프트웨어

시스템의 하드웨어를 관리하고 응용프로그램에게 시스템을 사용할 수 있는 효율적이고 안전한 인터페이스를 제공하는 소프트웨어(미들웨어, 디바이스 드라이버 등)

■ 응용 소프트웨어

실제 필요한 기능을 수행하는 소프트웨어로 휴대폰의 각종 서비스(게임, 벨소리, 전화번호부 등)를 수행한다.

■ 운영체제(Operating System, OS)

운영체제는 컴퓨터 시스템 계층 구조에서 가장 하드웨어와 가까운 쪽을 차지하는 소프트웨어를 통칭하는 것으로 시스템의 여러 자원인 CPU, 메모리, 파일 시스템, 각종 입출력 장치, 네트워크 등을 관리하는 역할을 한다. 운영체제의 도움으로 응용 프로그램들은 임베디드 시스템 내의 자원을 공유하여 사용할 수 있으며 자신에게 할당된 자원을 보호받게 된다.

운영체제는 용도에 따라 크게 두 가지 분류로 나눈다. 하나는 리눅스나 마이크로소프트 윈도우와 같이 서버나 PC에서 실행되는 응용 프로그램들을 지원하는 것이고, 다른 하나는 실시간 운영체제(real time operating system, RTOS)와 같이 우주, 항공, 군사, 의료 장비 등의 임베디드 시스템 에서 엄격한 시간 제약성을 만족 시켜야 하는 환경에서 사용되기 위한 목적으로 만들어진 것이다.

산업용 운영체제로 널리 알려진 실시간 운영체제는 통신 분야가 발전함으로써 기지국 장비나 전송장비, 세밀한 제어 등을 요구하는 무선 통신기기에도 널리 사용되면서 임베디드 운영체제의 근간을 이루었다. 현재 가장 많이 사용되는 실시간 운영체제로는 안드로이드를 비롯하여 VxWorks, pSOS, VRTX, Nucleus, LynxOS, ChorusOS, QnXNeutrino, RTEMS, OS9 등이 있다.

불과 몇 년 전만 하더라도 대부분의 임베디드 시스템이 운영체제 없이 개발되었지만, 얼마 전 한 조사에 의하면 80% 정도의 임베디드 시스템이 운영체제를 가지고 개발되고 있다는 것을 알 수 있다.

임베디드 시스템에서 운영체제를 점점 더 많이 도입하는 중요한 이유는 좀 더 좋은 성능을 가진 복잡한 하드웨어가 사용되고 예전과는 비교할 수 없는 많은 소프트웨어 기능이 요구되기 때문이다.

■ 독립형 임베디드 소프트웨어

초기 임베디드 시스템에서 채택된 방식으로, 작은 규모의 제어 시스템을 위한 소프트웨어이다. 임베디드 시스템에 운영체제를 탑재하지 않고 임베디드 응용 프로그램이 직접 하드웨어를 제어하며, 특정 기능을 반복하여 수행하는 형태이다. 어셈블리 언어로 프로그래밍된 단순하고 순차적인 소프트웨어를 의미한다.

■ 범용 운영체제 + 응용 소프트웨어

실시간성보다 멀티미디어 또는 네트워크 기능 등과 같은 다양한 서비스를 요구하는 임베디드 시스템에 적합하다. 범용 운영체제가 하드웨어를 제어하고 관리하며, 응용 소프트웨어는 운영체제의 도움으로 동작하는 방식이다. 범용 운영체제는 다양한 서비스를 목적으로 하기 때문에 코드의 크기가 방대하다는 문제점이 있다. 최근 반도체 기술의 발전에 따라 임베디드 시스템의 자원이 풍부해지고 실시간 지원 기술이 발전함에 따라 범용 운영체제인 안드로이드, 윈도우 및 리눅스를 적용하는 추세이다.

■ 실시간 운영체제 + 응용 소프트웨어

특정 입력에 대한 결과를 정해진 시간 내에 제공해야 하는 임베디드 시스템의 경우에 적합하다. 실시간 운영체제가 임베디드 하드웨어를 제어하고 각종 사건에 대하여 서비스 역할을 담당하며, 응용 소프트웨어는 실시간 운영체제 위에서 동작하는 방식이다. 실시간 운영체제의 비용은 높지만 이미 검증되고 안정적인 서비스를 제공받을 수 있기 때문에 개발에 필요한 비용과 가간을 단축할 수 있는 장점이 있다.

■ 전용 운영체제 + 응용 소프트웨어

군사, 의료, 우주 항공 등의 특수한 목적으로 제작된 운영체제 위에 응용 소프트웨어를 동작시키는 방식으로, 고가용성, 고성능을 요구하는 임베디드 시스템에 적합하다. 실시간 운영체제를 이용하는 방식과 유사한데, 실시간 시스템에 관련된 기술의 발전과 전용 운영체제 개발에 따른 고비용 등의 문제점이 있다.

1.6. 개발 환경

임베디드 시스템 개발 환경은 그림 1.7과 같이 호스트 시스템, 타겟 시스템 및 백엔드로 구성된다. 호스트시스템에서 타겟 시스템을 위한 부트로더, 커널 이미지, 응용소프트웨어 등을 개발하고, 이를 케이블 등을 통해 타겟 시스템으로 다운로드하여 사용한다. 부트로더(부트스트랩로더의 준말, bootloader)란 용어는 컴퓨터를 사용자가 사용할 수 있도록 디스크(램디스크)나 플래시에 저장된 운영체제를 읽어 주기억장치에 적재해 주는 프로그램을 말한다.

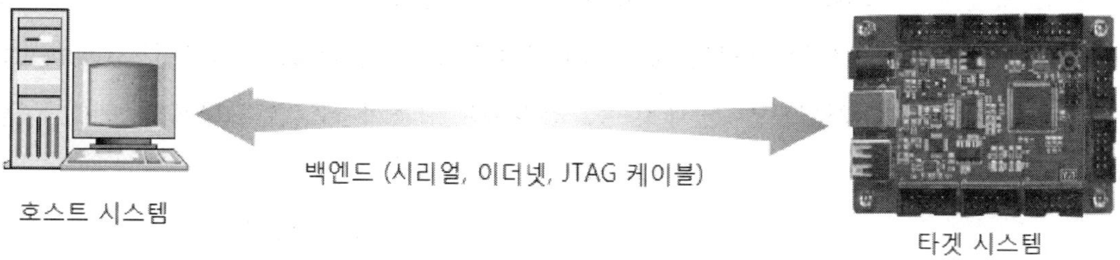

그림 1.7. 임베디드 시스템 개발 환경

■ 호스트 시스템

호스트 운영체제는 실제 컴퓨터에 설치된 운영체제를 말하고, 게스트 운영체제는 가상머신에 설치된 운영체제를 의미한다. 임베디드 시스템은 특정기능을 수행하는 하드웨어 시스템으로, 보통 특정기능 수행에 필요한 컴퓨팅 자원만으로 구성(제한된 컴퓨팅 자원)된다. 그리고 임베디드 시스템인 타겟 시스템에서 실행될 부트로더, 커널(kernel), 응용 소프트웨어를 스스로 개발하기(독자적으로 필요한 프로그램을 개발하는 것이) 거의 불가능하기 때문에 개발환경이 우수한 컴퓨팅환경(호스트 시스템)의 도움을 받아야 한다. 임베디드 시스템을 개발하는 데는 그 특성상 대용량의 저장장치(예: 하드디스크) 장착이 불가능하고 타겟 보드에서 개발 프로그램의 컴파일이 불가능하기 때문에 툴체인(tool-chain)을 구축해야 한다.

툴체인은 타겟 시스템용 시스템 및 응용 소프트웨어 개발에 필요한 모든 환경을 통칭하고, 호스트 시스템에 설치되는 타겟 시스템을 위한 개발환경을 말한다. 즉 타겟 보드 상에서 동작하는 프로그램을 호스트 PC에서 작성하여 타겟 보드에서 구동이 가능한 형태로 컴파일하기 위해 툴체인을 호스트 PC에 구축한다. 다시 말해 일반적으로 호스트 시스템과 타겟 시스템의 플랫폼이 다르기 때문에 툴체인이 필요하다. PXA270 프로세서를 사용하는 임베디드 시스템 키트의 경우 일반 개인용 컴퓨터의 x86 계열에서 실행되는 파일을 사용하기는 불가능(서로 다른 컴파일러를 사용)하다. 툴체인은 어셈블러, 링커, C 컴파일러, C 라이브러리 등으로 구성된다. 커널 (kernel)은 운영체제를 작동시키는 핵심 프로그램으로서 커널은 물리적 자원과 추상적 자원의 컴퓨팅 자원을 관리한다. 물리적 자원으로는 프로세서, 메모리, 디스크, 터미널, 네트워크 등과 같은 시스템 구성 요소들과 주변장치 등이 있으며, 추상적 자원은 태스크와 쓰레드, 페이지(page)와 세그먼트(segment), 파일 및 i-node, 통신 프로토콜 및 패킷 등, 보안 혹은 사용자 계정에 따른 접근 제어 등을 포함한다.

■ 백엔드(Back-end)

백엔드는 호스트 시스템과 타겟 시스템 간에 통신을 위한 매개체로서, 직렬 포트, 병렬 포트, LAN 등이 있다. 직렬 포트는 저속 통신 채널을 제공하며, 병렬 포트는 JTAG을 통해 플래시에 퓨징(fusing)할 수 있는 통신 채널을 제공하고, LAN은 고속 통신 채널을 제공한다. JTAG의 주요 기능은 부트 로더를 플래시 메모리에 퓨징하는 기능을 한다. LAN을 사용할 때는 허브를 경유하여 사용하려면 일반 케이블을 사용하지만, 호스트 시스템에 직접 연결할 경우엔 교차 케이블을 사용한다.

호스트 시스템과 타겟 시스템은 그림 1.8과 같이 세 가지 방법으로 연결이 가능하다. LAN을 사용할 때는 허브(hub)를 경유하려면 일반 케이블을 사용하지만, 호스트 시스템에 직접 연결할 경우에는 교차 케이블을 사용해야 한다.

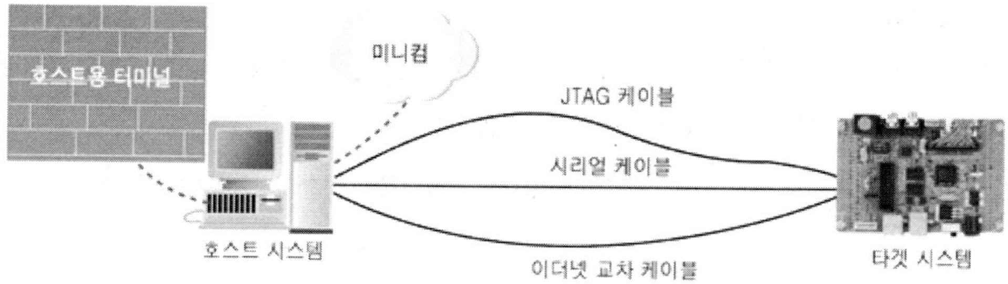

(a) 국지적으로 구성한 개발 환경

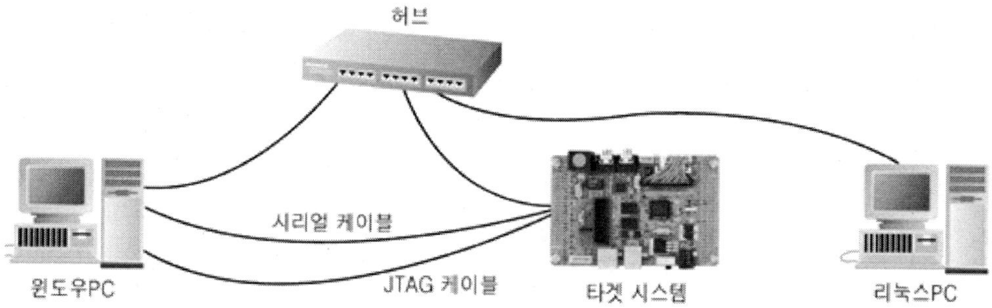

(b) 2대의 PC와 허브로 구성한 개발 환경

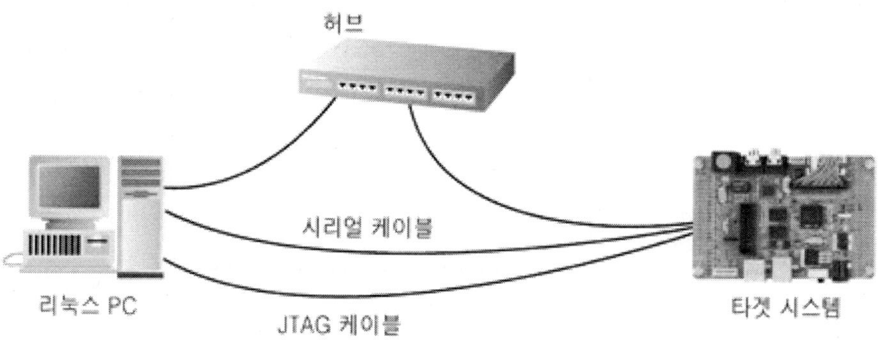

(c) 1대의 PC와 허브로 구성한 개발 환경

그림 1.8. 호스트 시스템과 타깃 시스템의 연결 구성
(출처: 임베디드 리눅스 기초와 활용, 우종정 외 1인, 2007)

■ 타겟 시스템

타겟 시스템으로 사용할 RCO ADK 키트는 ATmega2560 프로세서, 메모리 및 다양한 주변 장치로 구성되어 있다. 8킬로바이트 SRAM, 256킬로바이트 (8킬로바이트는 부트로더 사용) 플래시메모리, 4킬로바이트 EEPROM, 16MHz 클럭 속도 등을 제공한다.

1.7. 임베디드 시스템 개발 시 유의 사항

임베디드 시스템 설계 시 핵심 사항으로는 ① 하드웨어 및 소프트웨어 개발 기능 분할 결정 ② 적절한 프로세서 선택 ③ 적절한 운영체제 선택 ④적절한 디버깅/개발 툴 선택 등을 들 수 있다.

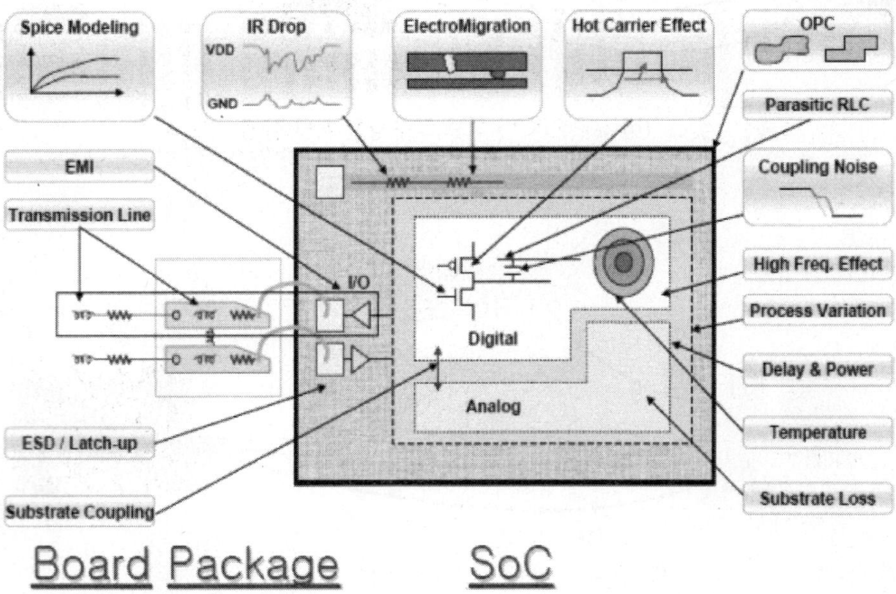

그림 1.9. 초고속 임베디드 하드웨어 보드에 영향을 주는 환경 변수들

임베디드 하드웨어, 특히 고속 클럭 속도를 가진 MCU를 가진 하드웨어 보드 개발 시 고려해야 할 사항들이 있다. 그림 1.9에 표현되어 있듯이 통합 고속 임베디드 하드웨어 보

드에는 고속 동작 블록, 아날로그 블록 및 디지털 블록으로 구성되어 있기 때문에 그 구조가 상당히 복잡하다. 따라서 보드 설계에서부터 평가까지 다양한 변수들을 고려해서 진행한다. 또한 그림 1.9에 표현된 보드 성능에 영향을 미치는 다양한 환경 변수들을 고려하여 PCB 설계를 진행해야 한다. 보드 제작까지 발생할 수 있는 다양한 환경 변수들을 철저히 분석하고 개선하여 오동작이 없도록 설계해야 한다.

통합 고속 임베디드 하드웨어 보드에서 가장 문제가 되고 있는 것은 SI(Signal Integrity, 신호 무결성) 문제들이다. SI란 회로 내에서 정확한 응답을 갖는 신호를 생성할 수 있는 능력을 말한다. 즉, 좋은 SI를 갖는 신호는 필요로 하는 시간에 필요로 하는 전압 수준을 갖는 디지털 신호를 말한다. 따라서 SI는 디지털 설계와 아날로그 회로 이론의 중간 단계라고 할 수 있다. 1990년대까지 디지털 회로에서 신호는 정확하게 0과 1을 나타 낼 수 있었기 때문에 신호 전파에 대한 아날로그 모델링은 필요 없었다. 하지만 현재의 통합 고속 임베디드 하드웨어 보드에서는 간단한 수동 소자가 전체 신호 전파의 지연 시간에 가장 많은 영향을 주게 되어 전체 신호의 지연 시간에서 배선 지연 시간이 대부분을 차지하게 되었다. 따라서 SI에 대한 분석과 이에 따른 문제를 해결하기 위한 다양한 기술이 필요하다.

SI에 관련된 현상들은 크게 Cross-talk(누화), Ringing, IR drop, Ground bounce, EM (Electro-migration) 및 PAE(Process Antenna Effect) 등으로 나눌 수 있다. 이러한 현상들은 실제 칩의 동작 중에 타이밍 문제를 발생시키거나 심한 경우에는 오동작의 원인이 되기도 한다. Cross-talk은 배선간의 커플링 커패시터에 의해 발생하는 잡음으로 제조 공정이 미세화 될수록 배선간의 간격이 좁아져서 그 영향이 매우 크다. Cross-talk 잡음은 신호 지연을 유발하여 주어진 클럭 주기 안에 회로가 동작하지 못하게 하는 cross-talk delay와 특정 네트(net)에 전압 스파이크(spike)를 발생시켜 레지스터가 잘못된 값을 캡쳐하여 오동작하게 하는 cross-talk glitch로 구분된다. Cross-talk을 줄이기 위해서는 배선 단계에서 평행 배선 배제, 낮은 유전 상수(k)를 갖는 재료의 사용, 차폐(shielding) 및 중계기(repeater)의 사용 등 다양한 형태의 기술을 사용할 수 있다. Ringing은 반복적인 overshoot과 undershoot 현상으로 대체로 긴 배선에 의해 발생한다. 전압이 안정적이지 않고 흔들림에 따라 회로의 동작에 영향을 미치게 된다. 또한 이러한 긴 배선은 PAE도 발생시키게 되는데 긴 배선에 전하가 모이게 되어 회로에 물리적 손상을 가하는 현상이다. EM은 전기장에 의한 산화막의 온도 변화에 따른 물리적 손상을 말한다. 따라서 되도록 긴 배선을 배제하고 다이오드를 적절한 위치에 배치하여 PAE와 EM을 방지할 수 있다. IR drop은 다른 말로 Voltage drop이라고도 한다. 그림 1.10은 IR drop 현상을 나타낸 것이다. 칩의 패드에서 공급되는 전원이 칩 내부 전원 배선(power strap)을 통해 각각의 회로 소자에 공급되게 되는데 배선 저항에 의해 핀의 전원보다 낮은 값의 전압이 각 소자에 공급되게 된다. 따라서 모든 반도체 칩은 이러한 전압 강하 현상을 갖는데 특히 SoC(System-on-Chip)와 같은 대형 칩의 경우 그 영향이 크다. 갈수록 전체 전력 소비에서 스위칭에 의한 전력 소비가 차지하는 비중이 확대되는 추세이므로 정확한 분석을 통해 전압 강하가 지연 시간 및 기능 등 칩의 동작에 미치는 영향을 분석하고 이에 따른 해결 방안을 마련해야 한다. 무조건적으로 전원 배선을 많이 하면 신호 배선의 여지를 줄이는 것이므로 최적의 전원 배선을 해야 한다. 이러한 각각의 현상들은 칩의 제조상의 수율과 직결되는 문제들로 테스트와도 밀접한 연관을 맺고 있다. 대부분의 SI 관련 현상들은 제조상의 문제 뿐 아니라 설계상의 문제에 의해 고장이 발생될 수 있으며, 특히 SI에 기인하는 타이밍 관련 고장을 정확히 검출해야 한다.

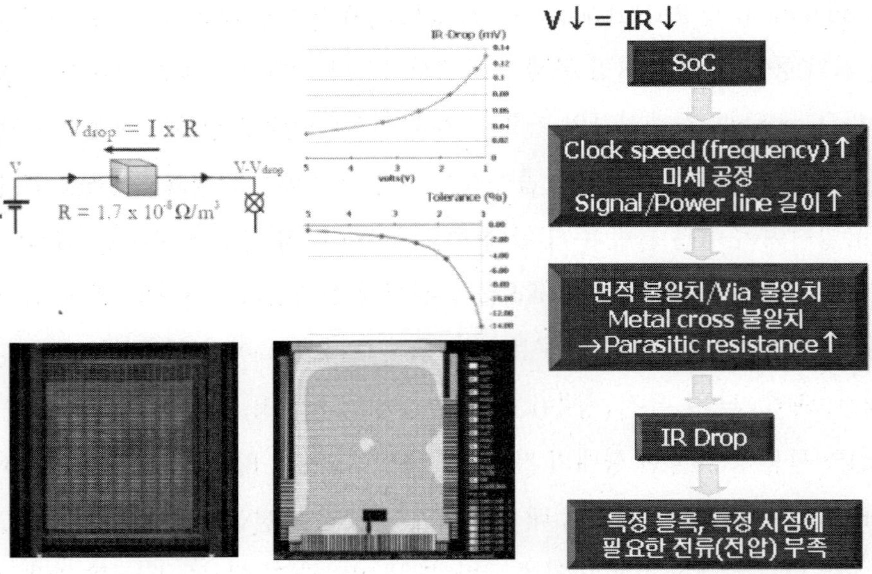

그림 1.10. IR drop 현상

디지털 시스템에서 신호가 제대로 전달되지 않는다면 오작동이 발생하거나 정상적인 작동이 어렵게 되는 것은 너무나도 당연한 일이다. 이러한 관점에서 공급전압도 신호와 마찬가지라 할 수 있다. SI가 신호의 무결성, 즉 '신호가 얼마만큼 깨끗하게 잘 전달될 수 있는가'라면, PI(Power Integrity, 전압 무결성)는 '공급전압이 얼마나 깨끗하게 잘 전달될 수 있는가'라고 할 수 있다. 회로의 동작 주파수가 높지 않던 시절의 경우 크게 대두되지 않았지만 기술의 발달로 인해 수백 MHz에서 수 GHz대역의 초고속 보드의 개발과 그것을 분석할 수 있는 시뮬레이션 기술이 발달함에 따라 점차 PI에 대한 분석 및 방지 대책이 중요해 지고 있다.

그림 1.11은 IC에서 신호(clock)가 스위칭(on/off) 시에 공급전압에 미치는 영향을 간단하게 표현한 것이다. 초고속 보드에서는 높은 주파수로 인하여 기생성분인 ESL(등가 직렬 인덕턴스)과 ESR(등가 직렬 저항)이 증가하게 된다. 이러한 이유 때문에 그림 1.11과 같이 작은 스위칭 전류라도 이들과 결합하여 큰 전압 잡음을 일으키게 되고 이러한 전압 잡음은 시스템의 오동작, 부품의 성능저하 및 고장, 보드 전반의 수명 단축, EMI 등과 같은 문제를 발생시키는 원인이 된다. 우리가 PDN(Power Delivery Network)이라 부르는 전원 공급 망이 잘 이뤄져 있어 잡음이나 기타 다른 문제점들이 발생하지 않는다면 상관이 없겠지만 이러한 전원 공급 망이 얼마만큼 잘 이뤄져 있는지를 정확하게 확인하는 것은 매우 어렵다. 따라서 이러한 문제들을 PI를 통하여 설계 전에 미리 예측하고 대책을 마련한다면 문제 발생으로 인한 손실을 최소화할 수 있다.

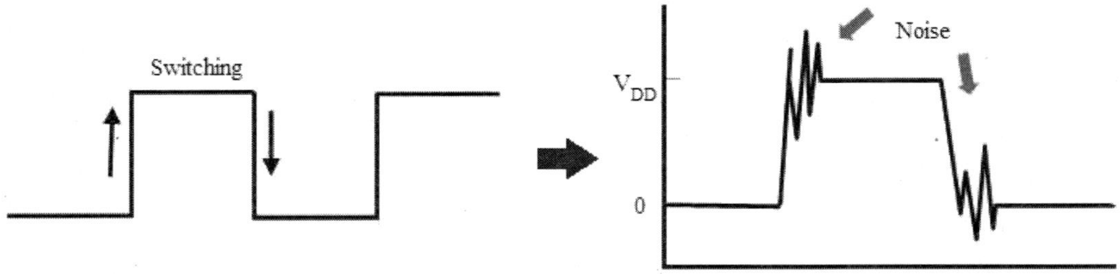

그림 1.11. IC에서 클럭이 스위칭 시에 공급전압에 미치는 영향

Chapter 02

아두이노 개요

| 학습목표 |

- 아두이노 (Arduino) 특성과 RCO 아두이노 구성을 이해한다.
- RCO ADK 핀 매핑 레이아웃 및 테이블을 이해한다.
- RCO ADK 핀 사용 특이 사항을 이해한다.
- RCO ADK 보드 프로그램 실행 루틴을 이해한다.

| 목차 |

2.1. 아두이노 (Arduino) 특성

아두이노(Arduino)는 다음과 같은 특성을 제공한다.

① 유연하고 사용하기 쉬운 하드웨어와 소프트웨어를 기반으로 오픈 프로토타입 플랫폼이다.
② 예술가, 디자이너, 전자제어 애호가 등 다양한 사람들을 위한 하드웨어 플랫폼이며, 다양한 장치와 상호 연동할 수 있는 개발 환경을 제공한다.
③ 다양한 센서로부터 다양한 입력을 수신할 수 있는 라이브러리를 제공하고, 감지된 신호를 바탕으로 제어할 수 있는 환경을 제공한다.
④ 개발환경에서 프로그램을 작성하여 메인보드의 마이크로프로세서에 프로그램을 다운로드하는 것으로부터 시작한다.
⑤ 다양한 프로그램들과 연동하여 동작하는 기능도 제공한다(예 : Processing, MaxMSP, Matlab).

2.2. RCO 아두이노 구성

RCO 아두이노는 아두이노를 처음 접하는 사용자에게 보다 빠르고 쉽게 이를 학습할 수 있도록 구성하였다. 기본 모듈에 대학 학습을 바탕으로 빠른 확장성과 개발능력을 구현할 수 있도록 구성하였다.

2.2.1. RCO ADK 메인 모듈

그림 2.1은 RCO 아두이노의 메인 모듈인 RCO ADK를 나타낸 것이다. RCO ADK는 아두이노 ADK를 기반으로 마이크로컨트롤러 보드를 나타낸다. RCO ADK는 기존의 아두이노 보드에서 지원하는 기능을 제공함과 동시에 핸드폰과 연동할 수 있는 추가적인 기능

을 포함하고 있다.

- 마이크로프로세서 ATmega2560 사용
- 휴대폰과 연결할 수 있는 USB 호스트 인터페이스 MAX3421 IC
- 54개의 디지털 입력 / 출력 핀 (핀 중 14핀은 PWM 출력으로 사용)
- 8개 아날로그 입력
- 4개의 UARTs (하드웨어 시리얼 포트)
- USB-To-Serial 프로그래밍을 지원

그림 2.1. RCO ADK 메인 모듈

2.2.2. RCO ADK 메인 모듈 사양

표 2.1은 RCO ADK 메인 모듈의 사양을 나타낸 것이다.

표 2.1. RCO ADK 메인 모듈 사양

분류	내용 및 사양
마이크로컨트롤러	ATmega2560
동작 전압 (V)	5
입력 전압 (V)	5 (권장)
입력 전압 (V)	5 (제한)
디지털 IO 핀 수 (개)	54 (핀 중 14개는 PWM 출력 가능)
아날로그 입력 핀 수 (개)	8
IO 핀 공급 가능 전류 (mA)	40
플래시메모리	256킬로바이트 (8킬로바이트는 부트로더 사용)
SRAM	8킬로바이트
EEPROM	4킬로바이트
클럭 속도 (Hz)	16M

2.2.3. RCO ADK 서브 모듈

그림 2.2는 RCO ADK의 서브 모듈을 나타낸 것이다. 이러한 모듈은 총 10종으로 구성되어 있다. 즉 디지털 IO 모듈, AD 테스트 모듈, 문자형 LCD 모듈, 7 세그먼트 모듈, 릴레이 모듈, PWM 모듈, RTC 온습도 모듈, Bluetooth-Zigbee 모듈, 초음파 모듈 및 모터 제어 모듈로 구성되어 있다.

(a) 디지털 IO 모듈

(b) AD 테스트 모듈

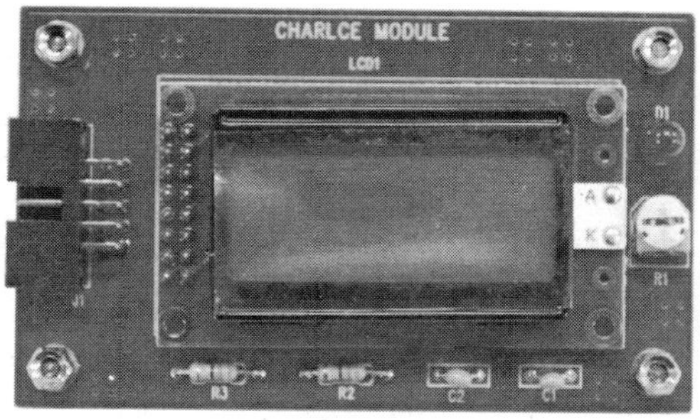

(c) 문자형 LCD 모듈

(d) 7 세그먼트 모듈

(e) 릴레이 모듈

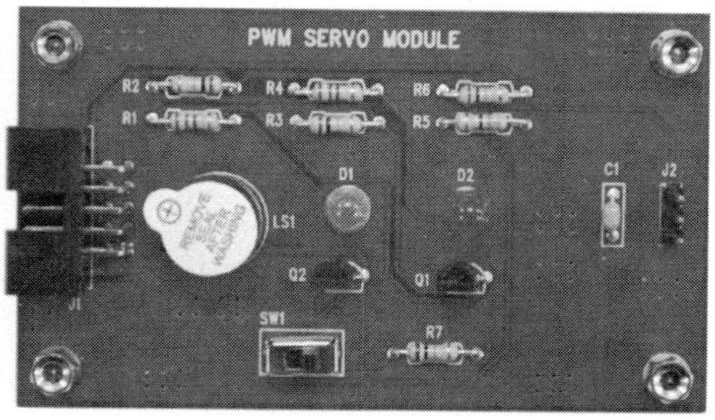

(f) PWM 모듈

(g) RTC 온습도 모듈

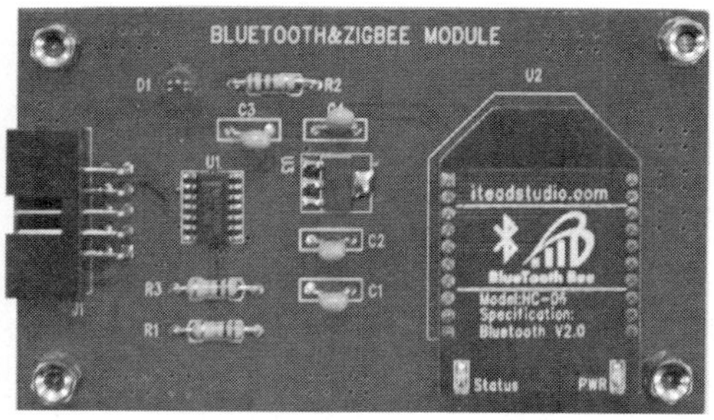

(h) Bluetooth-Zigbee 모듈

(i) 초음파 모듈

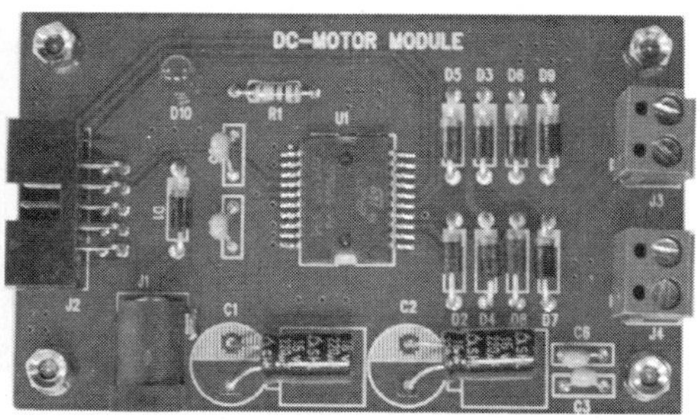

(j) 모터 제어 모듈

그림 2.2. RCO ADK 서브 모듈

2.2.4. 전원

RCO ADK는 USB 연결을 통해 전원을 공급 받거나, 외부 전원 공급 장치(5V 어댑터)를 통해 전원을 공급할 수 있다. USB 연결을 통해 외부 전원 공급이 자동으로 선택된다. 어댑터 보드의 전원 잭에 2.1mm 중심 형의 플러그를 연결해하여 연결할 수 있다.

RCO ADK는 구글 안드로이드 스마트폰과 연결할 경우 USB 호스트로 동작하기 때문에 어댑터를 통한 전원 공급이 필요하다.

2.2.5. 메모리

RCO ADK는 저장 코드를 2백 56킬로바이트 플래시 메모리를 사용 (이중 8킬로바이트는 부트 로더 사용)하고, 8킬로바이트의 SRAM 및 4킬로바이트의 EEPROM (읽기와 함께 쓸 수 있는 메모리)을 사용한다.

2.2.6. 디지털 IO

RCO ADK에서 54개 디지털 핀을 각각 사용하여 입력 또는 출력으로 사용할 수 있다. pinMode( )를 통해 입출력을 설정하고, digitalWrite( ) 및 digitalRead( )로 입출력을 사용한다. 핀들은 5볼트 레벨에서 작동하고, 각 핀들은 최대 40mA의 전류 공급이 가능하고, 20-50 kOhm의 내부 풀업 저항 (기본내장)이 있다. 온 보드 LED가 PIN13에 기본적으로 연결되어 있다. 이 핀을 이용하여 하드웨어의 기본적인 입출력 장치 실험이 가능하다.

2.2.7. 시리얼 통신 기능

시리얼 통신 포트는 수신 (RX) 및 송신 (TX) TTL 직렬 데이터를 전송하는 데 사용된다. 4개의 시리얼 포트는 다음과 같이 구성되어 있다. 핀 번호 PIN0과 PIN1은 해당 핀에 연결되어 디버그 콘솔로 사용된다.

- Serial-0: PIN0 (RX), PIN1 (TX)
- Serial-1 : PIN19 (RX), PIN18 (TX)
- Serial-2 : PIN17 (RX), PIN16 (TX)
- Serial-3 : PIN15 (RX), PIN14 (TX)

2.2.8. 인터럽트 처리 기능

외부 인터럽트는 다음과 같은 핀에서 받을 수 있다. 지정된 고정 핀에서 인터럽트를 실행하도록 구성할 수 있다. 인터럽트는 상승 에지, 하강 에지, 값의 변화 등으로 설정할 수 있으며, 인터럽트 설정에 대한 자세한 내용은 attachInterrupt( ) 함수를 참조하기 바란다.

- PIN2 (인터럽트 0)
- PIN3 (인터럽트 1)
- PIN21 (인터럽트 2)
- PIN20 (인터럽트 3)
- PIN19 (인터럽트 4)
- PIN18 (인터럽트 5)

2.2.9. PWM 출력 기능

PWM은 14개의 PIN을 이용하여 출력할 수 있으며, 8비트 PWM 출력을 제공한다. 자세한 설정은 analogWrite( ) 함수를 참조하기 바란다.

2.2.10. I2C 기능

I2C (또는 I2C: inter integrated circuit (2선식 시리얼 방식))는 마이크로프로세서와 저속

주변 장치 사이의 통신 방식을 말하여, PIN20 (SDA: serial data), PIN21 (SCL: serial clock)을 사용하여 지원한다. I2C 통신 "Wire Library"를 이용하여 통신을 지원한다.

2.2.11. AD 변환 기능

RCO ADK는 10비트 (예: 0~1,024의 값) 해상도를 제공하며, 각각 8개의 아날로그 입력을 가지고 있다. 기본적으로 이러한 입력들은 0~5V의 값을 입력받으며, AREF를 통해서 입력 값을 재설정할 수 있다.

2.2.12. 소프트웨어 업로드 자동 재부팅 기능

프로그램 컴파일 후, 소프트웨어 업로드 시, 물리적인 리셋 기능이 필요하다. RCO ADK는 연결된 컴퓨터에서 재부팅을 실행할 수 있도록 설계되어 있다. FT232R의 핀 중 하나인 하드웨어 제어 라인 (DTR)이 RCO ADK의 리셋 라인에 연결되어 있다. 이때 FT232R의 리셋 라인에 연결된 ATmega2560 100nF 커패시터를 통해 이 라인이 연결된다. 아두이노 소프트웨어는 단순히 아두이노 환경에서 업로드 버튼을 눌러 코드를 업로드할 수 있도록 하려면 이 기능을 사용해야 된다. RCO ADK는 자동 리셋을 해제하는 기능이 포함되어 있으며, 리셋 라인에 110ohm 저항을 연결하여 자동 리셋을 해제할 수 있다.

2.3. RCO ADK 핀 매핑 레이아웃 및 테이블

그림 2.3은 RCO ADK 메인 모듈의 핀 매핑 레이아웃을 나타낸 것이다. 핀 매핑 레이아웃은 J1~J8로 구성되어 있다. J1~J8에 대한 핀 매핑 테이블은 그림 2.4와 같다.

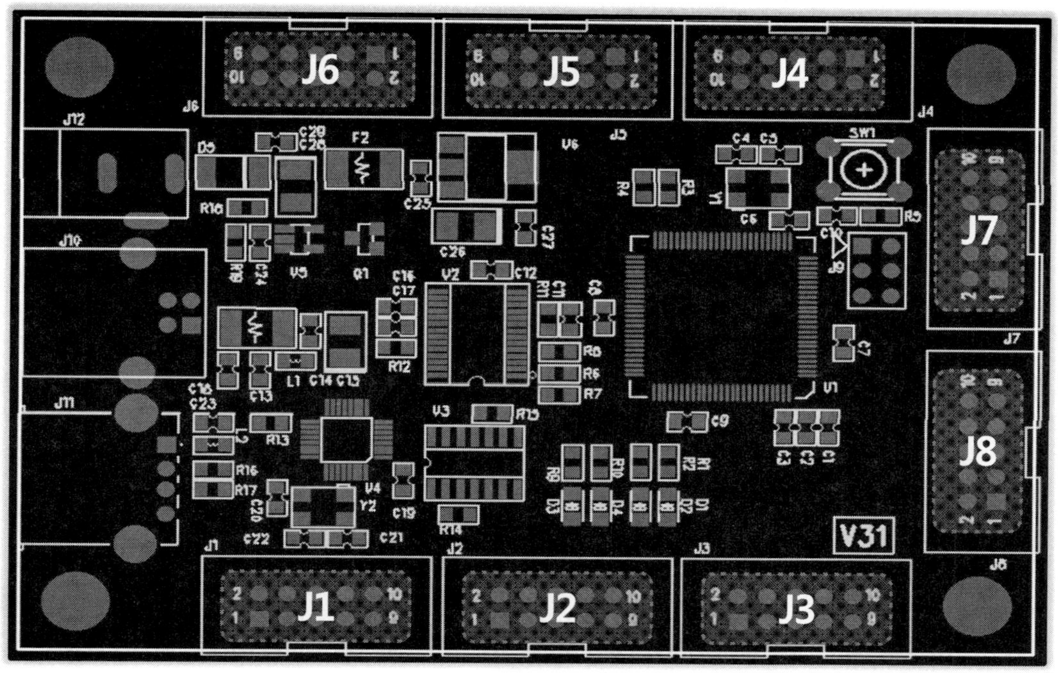

그림 2.3. RCO ADK 메인 모듈의 핀 매핑 레이아웃

CON NO	PIN	ARD PIN	CPU PIN
J1	1	PIN0	PE0 (RXD0/PCINT8)
	2	PIN1	PE1 (TXD0)
	3	PIN2	PE4 (OC3B/INT4)
	4	PIN3	PE5 (OC3C/INT5)
	5	PIN4	PG5 (OC0B)
	6	PIN5	PE3 (OC3A/AIN1)
	7	PIN6	PH3 (OC4A)
	8	PIN7	PH4 (OC4B)
	9	VCC5	VCC5
	10	GND	GND

(a) J1

CON NO	PIN	ARD PIN	CPU PIN
J2	1	PIN8	PH5 (OC4C)
	2	PIN9	PH6 (OC2B)
	3	PIN10	PB4 (OC2A/PCINT4)
	4	PIN11	PB5 (OC1A/PCINT5)
	5	PIN12	PB6 (OC1B/PCINT6)
	6	PIN13	PB7 (OC0A/OC1C/PCINT7)
	7	PIN14	PJ1 (TXD3/PCINT10)
	8	PIN15	PJ0 (RXD3/PCINT9)
	9	VCC5	VCC5
	10	GND	GND

(b) J2

CON NO	PIN	ARD PIN	CPU PIN
J3	1	PIN16	PH1 (TXD2)
	2	PIN17	PH0 (RXD2)
	3	PIN18	PD3 (TXD1/INT3)
	4	PIN19	PD2 (RXDI/INT2)
	5	PIN20	PD1 (SDA/INT1)
	6	PIN21	PD0 (SCL/INT0)
	7	PIN22	PA0 (SDA/INT1)
	8	PIN23	PA1 (SCL/INT0)
	9	VCC5	VCC5
	10	GND	GND

(c) J3

CON NO	PIN	ARD PIN	CPU PIN
J4	1	PIN24	PA2
	2	PIN25	PA3
	3	PIN26	PA4
	4	PIN27	PA5
	5	PIN28	PA6
	6	PIN29	PA7
	7	PIN30	PC7
	8	PIN31	PC6
	9	VCC5	VCC5
	10	GND	GND

(d) J4

CON NO	PIN	ARD PIN	CPU PIN
J5	1	PIN32	PC5
	2	PIN33	PC4
	3	PIN34	PC3
	4	PIN35	PC2
	5	PIN36	PC1
	6	PIN37	PC0
	7	PIN38	PD7
	8	PIN39	PG2
	9	VCC5	VCC5
	10	GND	GND

(e) J5

CON NO	PIN	ARD PIN	CPU PIN
J6	1	PIN40	PG1
	2	PIN41	PG0
	3	PIN42	PL7
	4	PIN43	PL6
	5	PIN44	PL5
	6	PIN45	PL4
	7	PIN46	PL3
	8	PIN47	PL2
	9	VCC5	VCC5
	10	GND	GND

(f) J6

CON NO	PIN	ARD PIN	CPU PIN
J7	1	PIN48	PL1
	2	PIN49	PL0
	3	PIN50	PB3(MISO)
	4	PIN51	PB2(MOSI)
	5	PIN52	PB1(SCK)
	6	PIN53	PB0(SS)
	7	AREF	AREF
	8	nRESET	nRESET
	9	VCC5	VCC5
	10	GND	GND

(g) J7

CON NO	PIN	ARD PIN	CPU PIN
J8	1	ADC0	PF0 (ADC0)
	2	ADC1	PF1 (ADC1)
	3	ADC2	PF2 (ADC2)
	4	ADC3	PF3 (ADC3)
	5	ADC4	PF4 (ADC4/TMK)
	6	ADC5	PF5 (ADC5)
	7	ADC6	PF6 (ADC6)
	8	ADC7	PF7 (ADC7)
	9	VCC5	VCC5
	10	GND	GND

(h) J8

그림 2.4 핀 매핑 테이블

2.4. 핀 사용 특이 사항

(1) 소프트 시리얼

소프트 시리얼을 사용하여 시리얼을 확장하는 경우, 라이브러리는 다음과 같은 제한 사항이 있다. 즉 여러 소프트웨어 시리얼 포트를 사용하는 경우 하나만 한 번에 데이터를 받을 수 있다. Mega2560 칩에서는 PIN10, 11, 12, 13, 50, 51, 52, 53, 62, 63, 64, 65, 66 및 67 핀이 소프트 시리얼을 지원한다.

(2) attachInterrupt (인터럽트, 기능, 모드)

외부 인터럽트는 0~5까지 제공하며, 아래 주어진 핀에서 받을 수 있다.

- 인터럽트 0 (PIN2)
- 인터럽트 1 (PIN3)
- 인터럽트 2 (PIN21)
- 인터럽트 3 (PIN20)
- 인터럽트 4 (PIN19)
- 인터럽트 5 (PIN18)

2.5. 프로그램 실행 루틴

① 보드 리셋 시, 부트로더로 프로그램 시작번지를 점프한다.

② 부트로더는 RCO ADK와 연결된 컴퓨터 및 아두이노 개발환경으로부터 특정문자를 통해 프로그램 다운로드 요청이 있을 때까지 잠시 대기한다.

③ 만약 프로그램 개발환경으로부터 일정 시간 내에 요청이 없을 시, 프로그램 시작 번지로 재 점프하여 기 설치된 프로그램을 수행한다.

④ 프로그램 개발환경으로부터 새로운 프로그램 요청이 있을 시, 부트로더는 프로그램을 호스트 컴퓨터로부터 실행코드를 다운로드하고, 플래시 메모리에 라이팅 한다. 그리고 해당 프로그램 시작 번지로 점프하여 새로운 프로그램을 시작한다.

Chapter 03

프로그램 설치 및 개발 환경

| 학습목표 |

- RCO ADK 보드 구성을 이해한다.
- 개발환경 프로그램 및 USB 드라이버 설치 방법을 이해한다.
- 아두이노 스케치 윈도우의 단축 아이콘 기능을 이해한다.

| 목차 |

3.1. RCO ADK 보드 연결하기

그림 3.1과 같이 RCO ADK 메인 보드와 USB B Type 케이블을 이용하여 컴퓨터와 연결한다. 연결 준비물은 그림 3.2와 같다. 이때 그림 3.3과 같이 적색 전원 LED가 점등이 됨을 확인한다.

그림 3.1. RCO ADK 메인 보드와 PC 연결

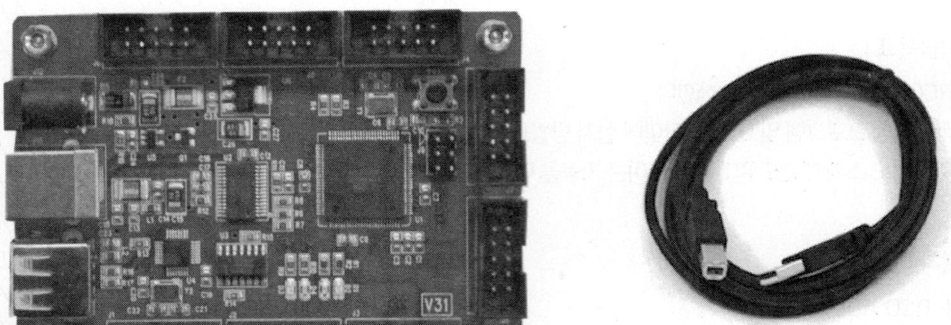

(a) RCO ADK 메인 보드 (b) USB 케이블 (B TYPE)

그림 3.2. 연결 준비물

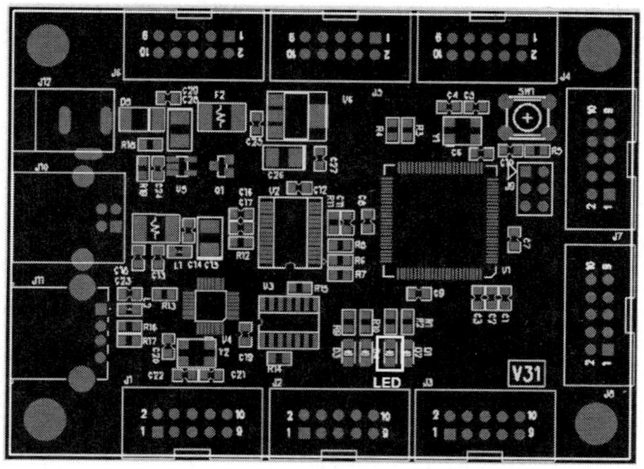

그림 3.3. 전원 점등 확인

3.2. 개발환경 프로그램 다운로드

아두이노 개발을 위한 프로그램은 아두이노 메인 사이트에서 무료로 제공한다. 아래와 같은 해당 웹 사이트를 방문하여 그림 3.4와 같은 창에 접속한다.

Web-site: http://www.arduino.cc

그림 3.4. 아두이노 웹 사이트

그림 3.4의 상단 메뉴 창에 위치하는 다운로드 메뉴를 클릭한다. 그림 3.5의 다운로드 상단 메뉴를 클릭하여 아래와 같은 절차를 수행한다.

- MENU → Download 선택
- 그림 3.6의 [Windows Installer]를 클릭하고, 파일 다운로드
- arduino-1.0.6-windows 파일 다운로드(보드 최적화를 위해 1.0.6 버전 권장)
- 다운로드 받은 파일을 하드디스크 C:\에 복사

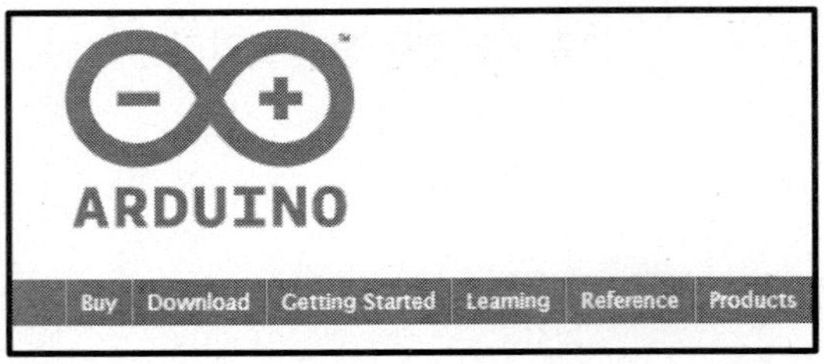

그림 3.5. 다운로드 상단 메뉴

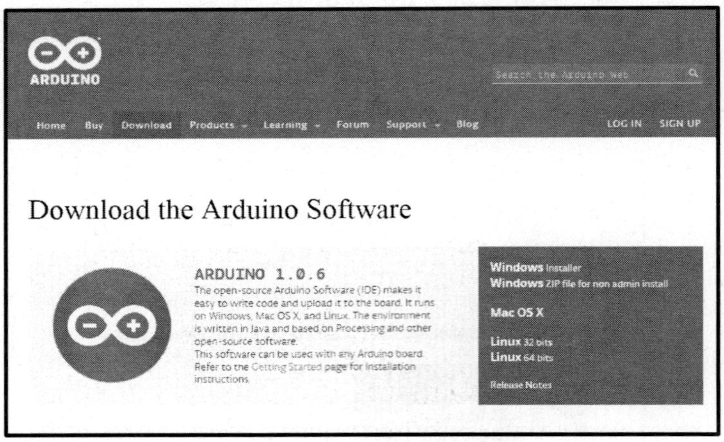

그림 3.6. 파일 다운로드

하드디스크 C:\ 아래에 다음과 같은 파일이 생성되고 C:\ 아래에 파일 arduino-1.0.6-windows를 더블 클릭하여 프로그램을 설치한다. 완료 후 그림 3.7과 같은 개발 환경 프로그램이 위치하는지를 확인한다.

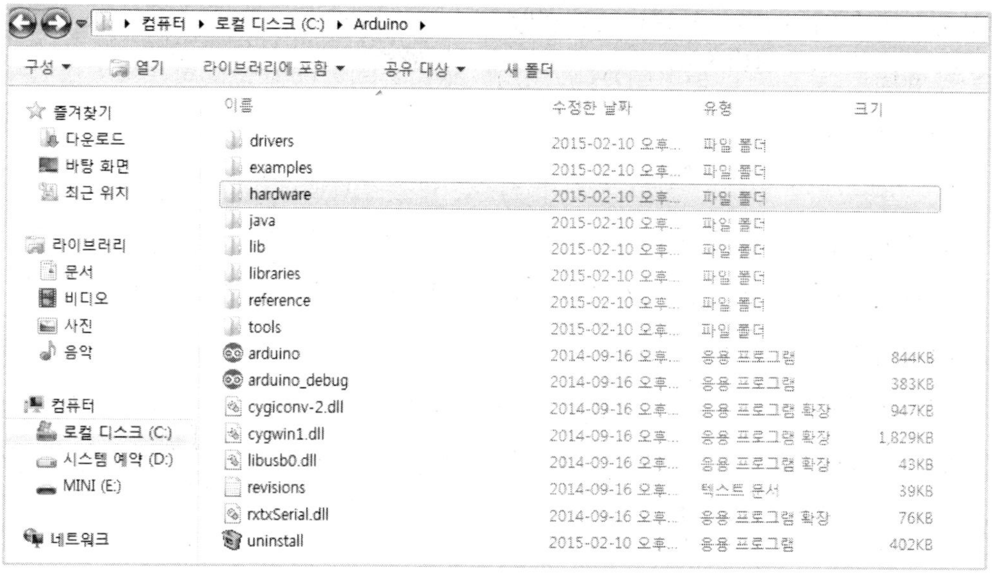

그림 3.7. 개발환경 프로그램

3.2.1. 드라이버 설치

보드를 처음 연결하는 경우에는 USB 드라이브를 설치해야 한다. 윈도우 XP 또는 윈도우 7은 RCO ADK 보드를 연결 (아두이노 보드로 처음 연결하는 경우)하면 그림 8과 같이 USB 보트를 자동으로 인식하여 윈도우 드라이버 설치 여부를 묻는다. [설치] 버튼을 클릭하여 설치 후 완료한다.

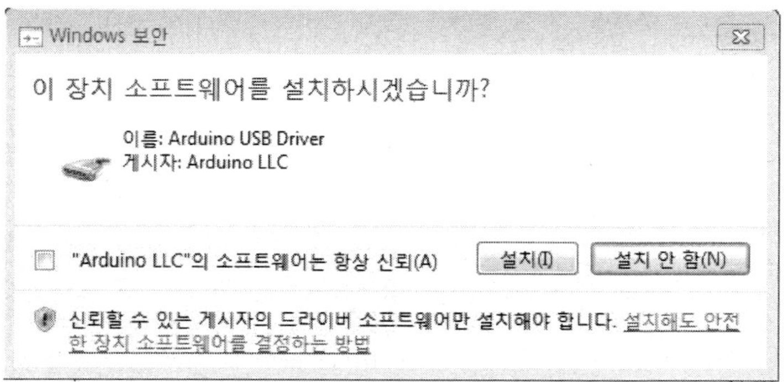

그림 3.8. 아두이노 USB드라이버 설치

(1) 삼성 PC 관련 USB 드라이버 설정 방법

① SWUpdate_2.2.7.20.1.zip과 CDM v2.12.16 WHQL Certified.zip 파일을 바탕화면에 복사하고 압축파일을 푼다.

② SWM_Setup.exe 파일을 더블클릭하여 소프트웨어를 업데이트
바탕화면에 "Samsung Update"를 더블클릭 → [모든 소프트웨어] 탭 선택 → [USB 3.0 드라이버] 탭과 [칩셋 드라이버] 탭을 각각 선택하여 설치 → [업데이트] 탭 선택 → [Samsung Update Patch] 탭 선택 후 업데이트 → PC 재부팅 → 제어판 → 장치관리자 → [범용 직렬 버스 컨트롤러] 탭에 "Unknown Device" 또는 "USB Serial Converter" 확인 → 마우스 오른 버튼 클릭 → 그림 3.9에서 [드라이버 소프트웨어 업데이트] 선택

③ 그림 3.10의 붉은 박스 선택

④ 그림 3.11의 붉은 박스 선택

⑤ 그림 3.12의 붉은 박스 선택

⑥ 그림 3.13에서 붉은 박스 선택

⑦ PC 재부팅

⑧ 제어판 → 프로그램 제거 → 그림 3.14의 붉은 박스 드라이버 제거 → PC 재부팅

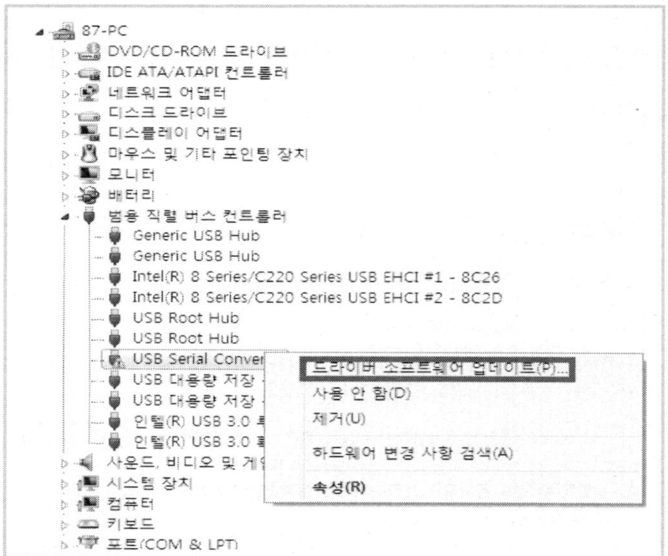

그림 3.9

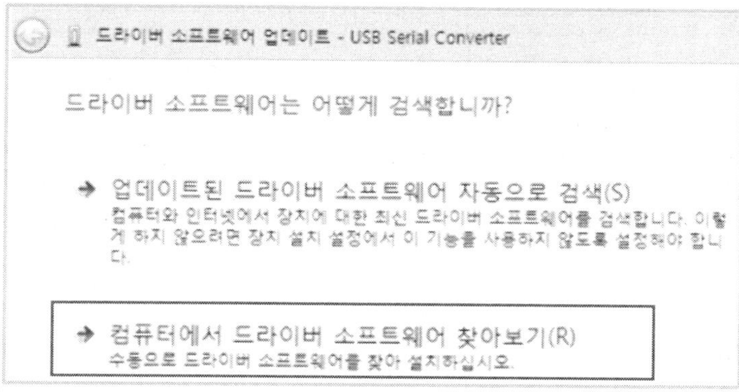

그림 3.10

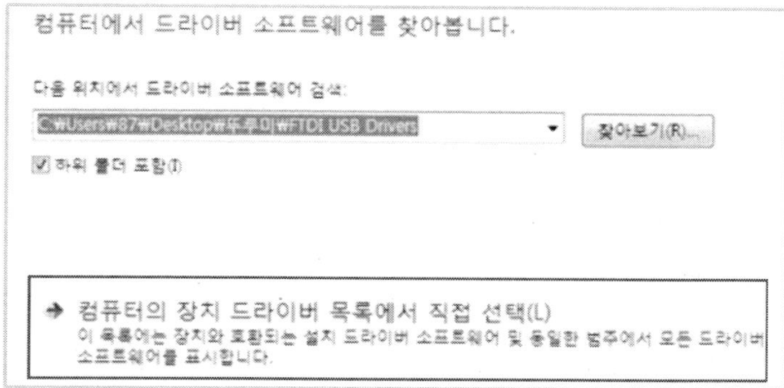

그림 3.11

그림 3.12

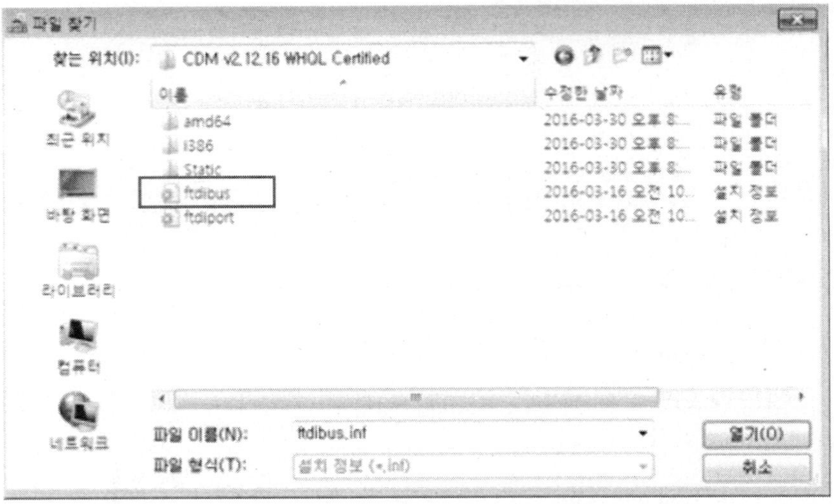

그림 3.13

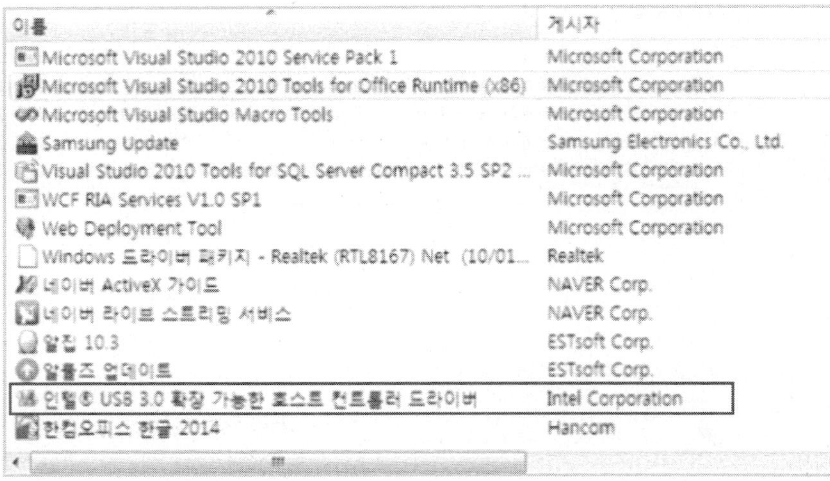

그림 3.14

(2) 기타 PC 관련 USB 드라이버 설정 방법

① 압축된 FDTI USB Drivers (C:\Arduino → drivers → ...)를 아무 디렉토리에 압축 해제

② 컴퓨터 마우스 오른쪽 버튼 클릭 후 [속성] 선택 → 왼쪽 우측 부의 [장치관리자] 클릭 → USB를 기타장치(FT232R USB UART)로 인식할 경우

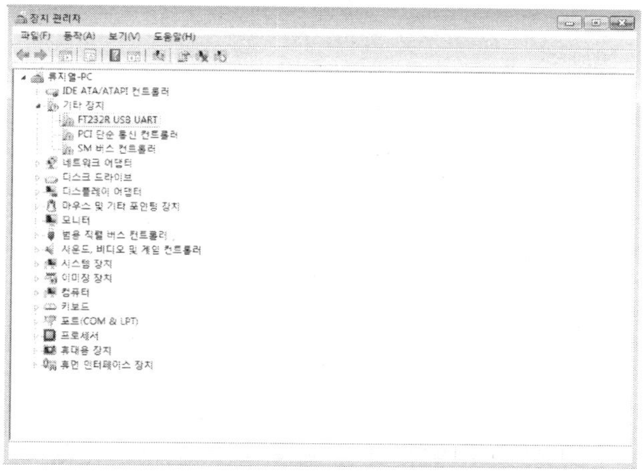

그림 3.15

③ 마우스 오른쪽 버튼 클릭 후 [드라이브 소프트웨어 업데이트] 선택 → 그림 3.16과 같이 클릭

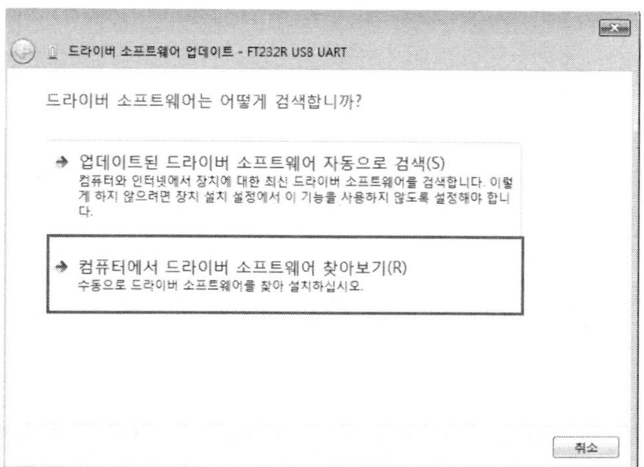

그림 3.16

④ [찾아보기]를 클릭하여 FDTI USB Drivers가 저장되어 있는 디렉토리 선택
→ [다음] 버튼 클릭 후 드라이버 설치 진행을 확인

⑤ 설치 완료 후 USB Serial Port로 인식하지만 그림 3.18과 같이 여전히 기타 장치로 인식할 경우 ③~④ 반복

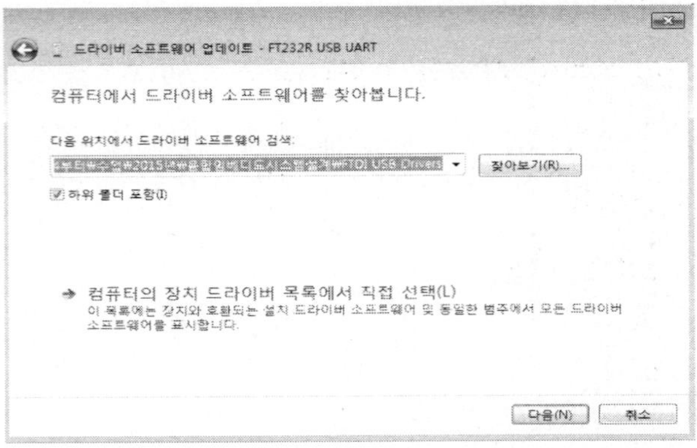

그림 3.17

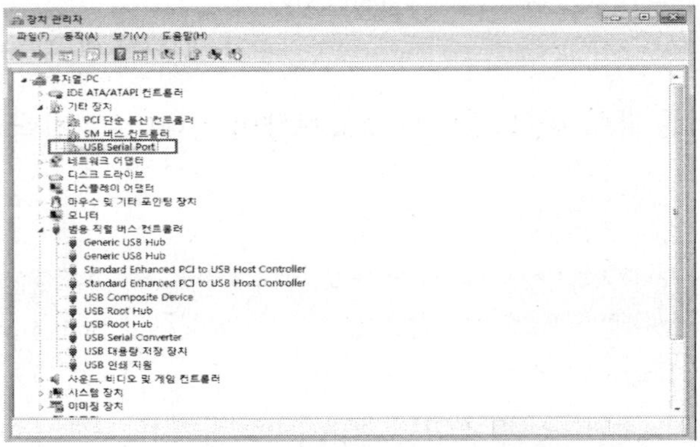

그림 3.18

⑥ 드라이버 설치 완료 후 그림 3.19와 같이 USB 드라이버 설치 확인

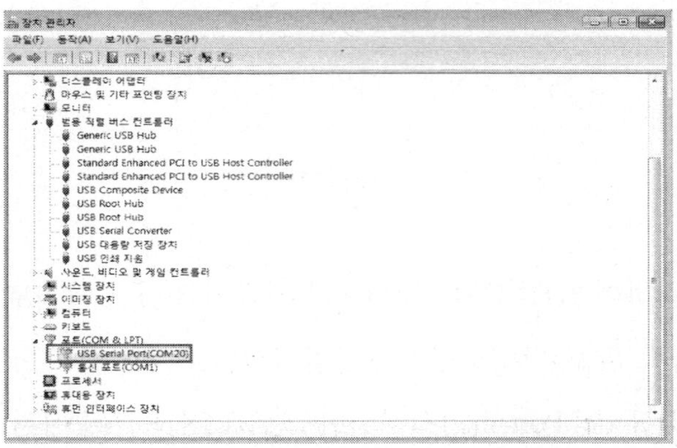

그림 3.19

3.2.2. 아두이노 응용 프로그램을 실행

설치 디렉토리 (여기서는 C:\Arduino\)에 있는 arduino.exe 파일을 두 번 클릭하여 프로그램을 실행한다. 실행 후 그림 3.20과 같은 아두이노 스케치 윈도우가 생성됨을 확인한다.

그림 3.20. 아두이노 스케치 윈도우

3.2.3. LED Blink 예제 열기

간단한 LED Blink 예제를 열기 위해 아두이노 스케치 상단에 있는 메뉴 중 그림 3.21과 같은 절차를 수행한다. 예제 중 간단한 디지털 I/O를 수행하는 아두이노 프로그램 Blink 코드를 그림 3.22와 같이 불러온다.

▪ 파일 → 예제 → 01.Basics → Blink

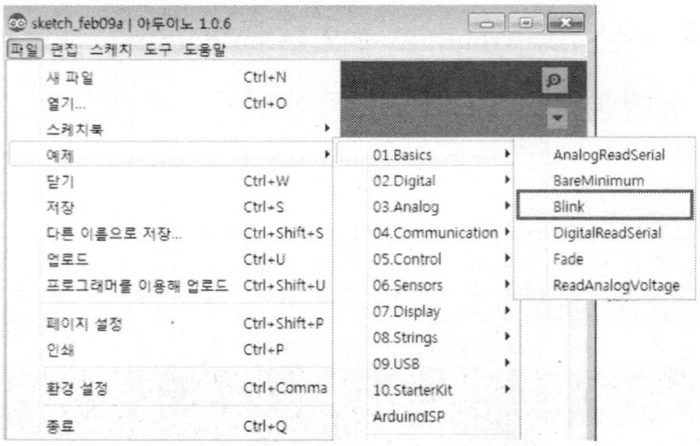

그림 3.21. LED Blink 예제 열기

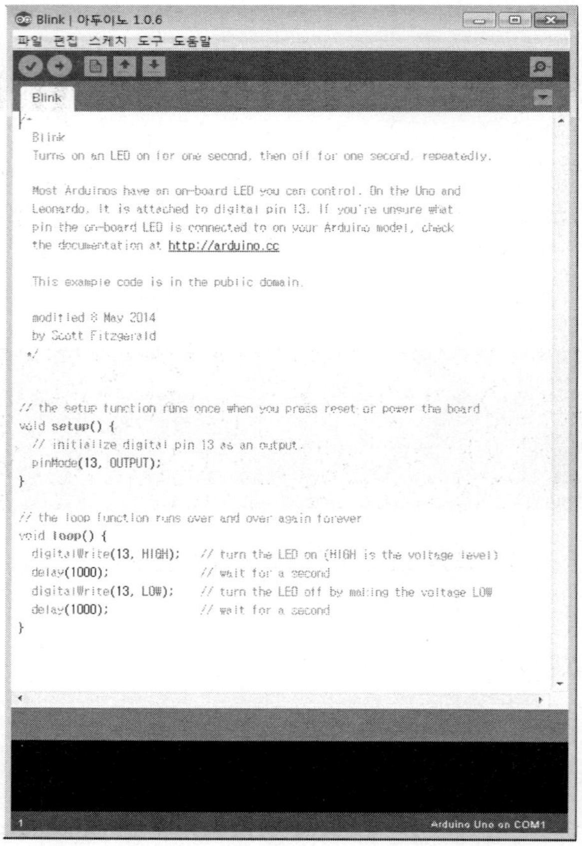

그림 3.22. 아두이노 프로그램 Blink 코드

3.2.4. 보드 선택

컴퓨터와 연결되어 있는 보드에 대한 정보를 설정하고, 그림 3.23과 같이 Arduino Mega 2560 or Mega ADK를 선택한다.

- 도구(Tools) → 보드(Board) → Arduino Mega 2560 or Mega ADK 선택

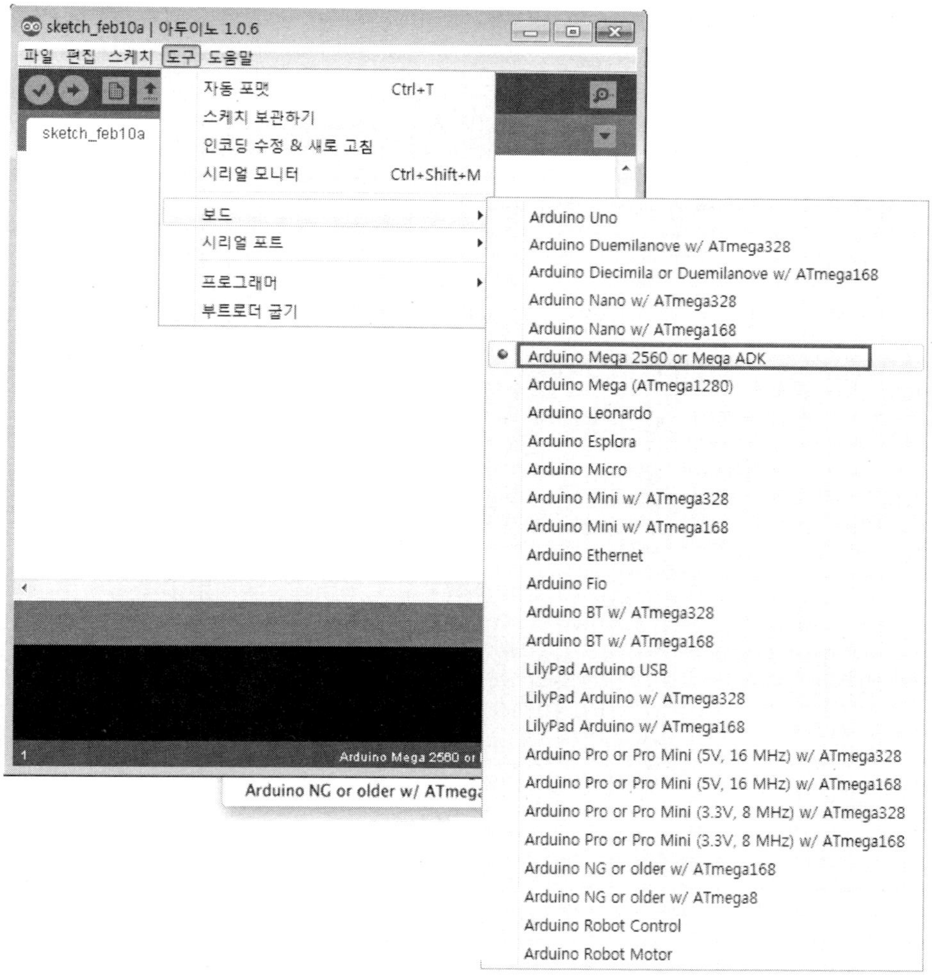

그림 3.23. Arduino Mega 2560 or Mega ADK 선택 화면

3.2.5. 시리얼 포트 선택

컴퓨터와 보드가 USB로 연결된 시리얼 포트 번호를 설정하여 준다. USB 시리얼 포트 연결을 확인하기 위해서는 그림 3.24와 같이 컴퓨터의 장치관리자 포트 (COM & LPT)에 나타나는 시리얼 번호를 확인한다.

- 컴퓨터 → 속성 → 장치관리에서 연결된 시리얼 포트 확인
  (여기서는 USB Serial Port(COM3))

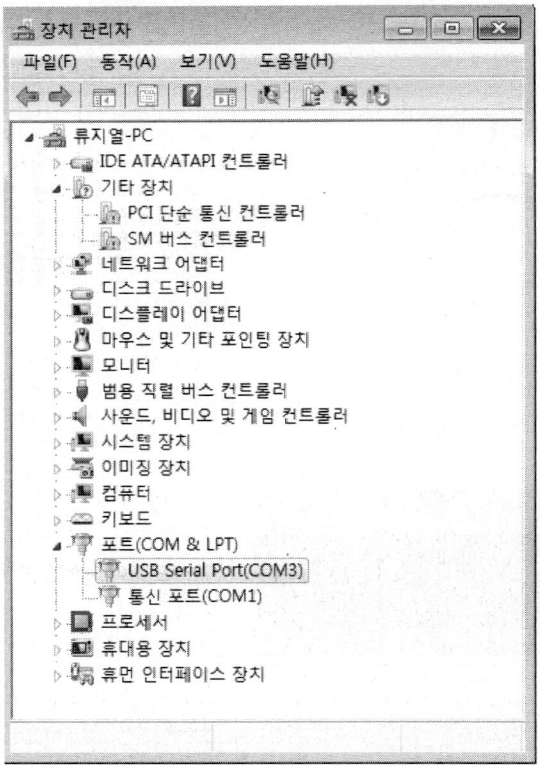

그림 3.24. 컴퓨터의 장치관리자 포트 확인 화면

아두이노 스케치 상단에 있는 메뉴 중 그림 3.25와 같은 절차를 수행하여 시리얼 포트를 설정한다.

- 도구 → 시리얼 포트 → COM3 체크

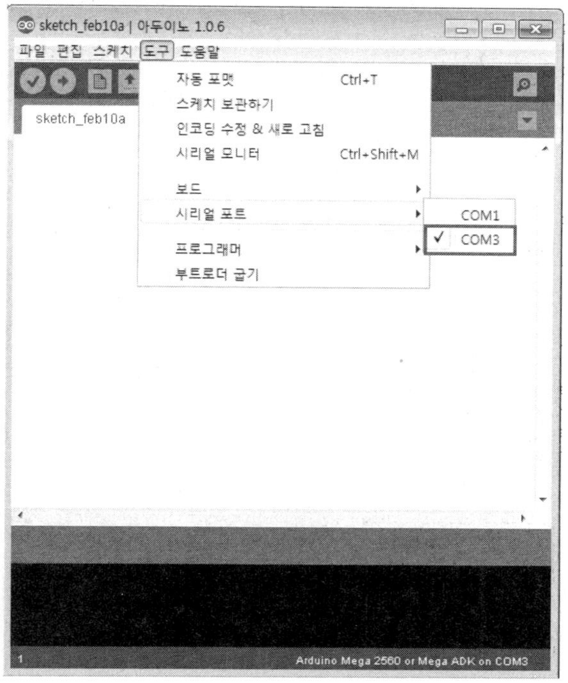

그림 3.25. USB 시리얼 포트 설정

3.2.6. 프로그램 실행 코드 생성

프로그램 실행 코드를 생성하기 위해 그림 3.26과 같은 아두이노 스케치 메뉴 바의 첫 번째 체크 버튼을 클릭한다.

그림 3.26. 아두이노 스케치 메뉴 바의 첫 번째 체크 버튼 클릭

프로그램에 문법적 문제가 없을 경우에는 그림 3.27과 같이 컴파일 완료 메시지가 나타난다.

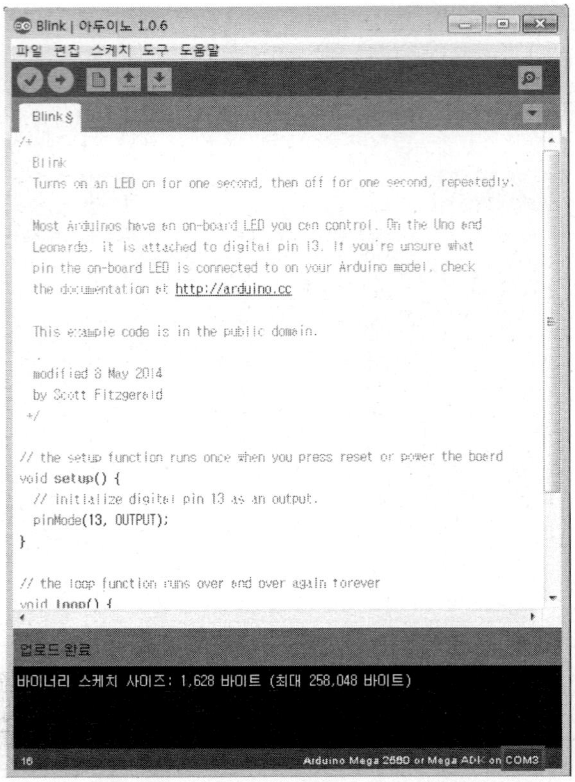

그림 3.27. 컴파일 완료 메시지 화면

3.2.7. 프로그램 업로드

컴파일 완료된 프로그램을 업로드하기 위해 그림 3.28과 같이 아두이노 스케치 메뉴 바에 있는 두 번째 우쪽 화살표 버튼을 클릭한다. 몇 초를 기다리면 그림 3.29와 같이 보드에서 RX와 TX LED가 반짝이는 것을 확인할 수 있다. 업로드가 성공하면 "업로드를 완료"란 메시지가 상태 표시 줄에 나타난다. 몇 초 업로드 완료된 후 보드 PIN13에 연결된 LED가 깜박이기 시작한다.

그림 3.28. 아두이노 스케치 메뉴 바의 두 번째 화살표 버튼 클릭

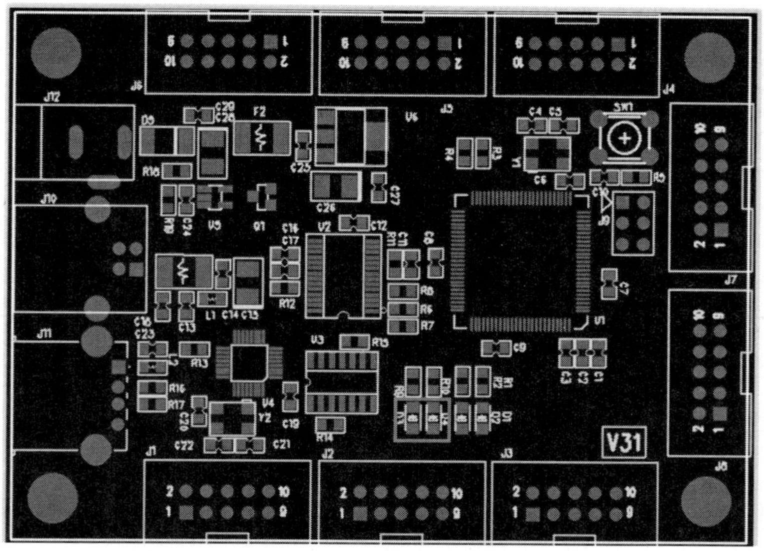

그림 3.29. 보드 PIN13에 연결된 LED 깜박임 확인

3.3. 아두이노 스케치 설명

아두이노 스케치는 코드를 작성하기 위한 텍스트 편집기, 메시지 영역, 텍스트 콘솔, 일반적인 기능에 대한 단추형식의 도구 모음과 메뉴 바를 포함하고 있다. 스케치 프로그램을 컴파일 및 업로드하고, 보드와 통신할 수 있는 기능을 지원한다.

- 프로그램 컴파일 기능 지원
- 컴파일 완료된 실행코드 업로드 기능 지원
- 보드와 Serial 0를 통한 콘솔 모니터 창 지원

3.3.1. 스케치 프로그램 단축 아이콘

표 3.1은 스케치 프로그램의 단축 아이콘에 대한 기능을 정리한 것이다.

표 3.1. 스케치 프로그램의 단축 아이콘 기능

단축 아이콘	기능
	컴파일 및 오류 코드 확인
	프로그램 업로드
	새로운 스케치 생성
	최근 작성된 스케치 전개
	작성된 스케치 저장
	시리얼 모니터 연결

3.3.2. 메뉴바 주요 설명

메뉴 바는 다섯 가지 항목 (File, Edit, Sketch, Tools, Helps)을 가지고 있다.

(1) Edit

- 포럼에 대한 복사

  클립보드에 업로드하기 적합한 형태로 스케치의 코드를 복사
- HTML로 복사

  웹 페이지에 적합한 HTML로 스케치의 코드를 복사

(2) Sketch

- 컴파일 / 오류점검: 작성된 스케치에 대한 컴파일 및 오류 점검
- 보기 스케치 폴더 보기
- 현재 스케치 폴더 개방
- 파일 추가

  스케치로 원본 파일 (현재 위치에서 복사됨)을 추가한다. 새 파일은 스케치 창에서 새 탭에 나타난다. 파일은 탭 메뉴를 사용하여 스케치에서 제거할 수 있다.
- 라이브러리 가져오기

  #include<>로 시작하는 include 문장을 이용하여, 스케치에 라이브러리를 추가한다.

(3) Tools

- 자동 서식
  들여쓰기 등 자동으로 코드를 정렬
- 아카이브 스케치
  현재 스케치의 복사본을 스케치와 같은 디렉토리에 zip 형식의 압축파일 생성
- 보드
  사용자가 사용하고 있는 보드를 선택
- 직렬 포트
  이 메뉴는 시스템의 모든 시리얼 장치 (실제 또는 가상)가 나타남

3.3.3. 사용자 보드 추가

아두이노 스케치는 Board 선택 창에 자신이 원하는 특정 보드를 등록할 수 있도록 지원한다.

- (TOP-DIR)\hardware\arduino\boards.txt

```
rco-mega2560.name=RCO Mega ADK
rco-mega2560.upload.protocol=stk500v2
rco-mega2560.upload.maximum_size=258048
rco-mega2560.upload.speed=115200
rco-mega2560.bootloader.low_fuses=0xFF
rco-mega2560.bootloader.high_fuses=0xD8
rco-mega2560.bootloader.extended_fuses=0xFD
rco-mega2560.bootloader.path=stk500v2
rco-mega2560.bootloader.file=stk500boot_v2_mega2560.hex
rco-mega2560.bootloader.unlock_bits=0x3F
rco-mega2560.bootloader.lock_bits=0x0F
rco-mega2560.build.mcu=atmega2560
rco-mega2560.build.f_cpu=16000000L
rco-mega2560.build.core=arduino
rco-mega2560.build.variant=mega
```

그림 3.30. 해당 파일에 RCO Mega ADK 보드 설정 추가

그림 3.19와 같이 해당 파일에 RCO Mega ADK 보드에 대한 설정을 추가한다.

열려있는 모든 파일들을 닫고, 설치 디렉토리 (여기서는 C:\Arduino\)에 있는 arduino.exe 파일을 두 번 클릭하여 스케치 프로그램을 실행한다. 그림 3.31과 같이 추가된 보드를 확인하고, 설정하여 사용한다.

- 도구 → 보드 → RCO Mega ADK 확인

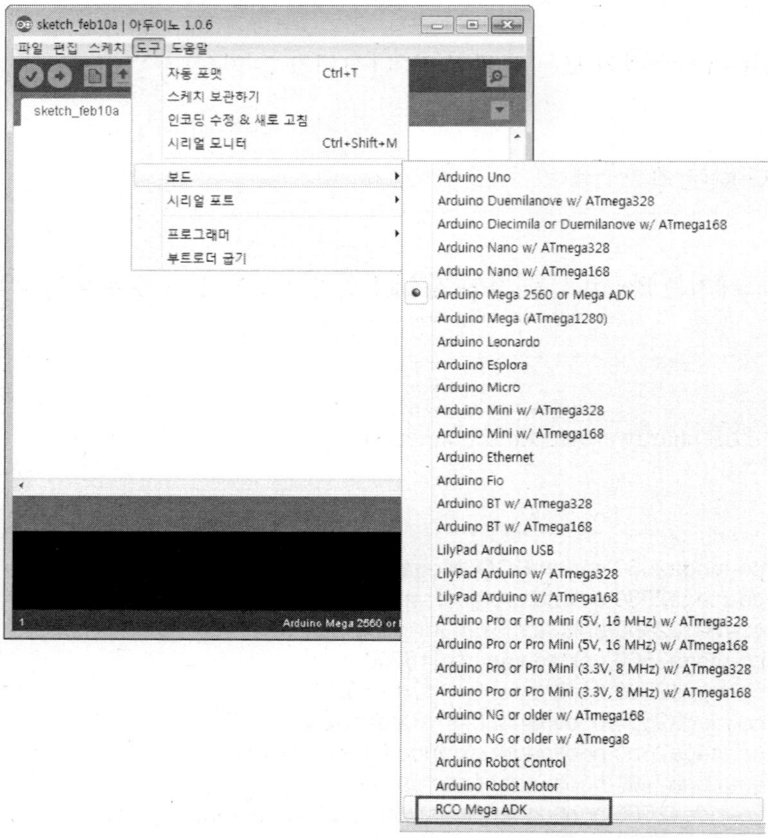

그림 3.31. 추가된 RCO Mega ADK 보드 확인

Chapter 04

아두이노 프로그램 시작하기

| 학습목표 |

- 아두이노 기본 예제 프로그램을 이해한다.
- 프로그램 구조 (기본 틀)를 이해한다.
- Blink (LED 반짝이기), Digital Read Serial 프로그램을 이해한다.
- Fading (LED 밝기 조절) 프로그램을 이해한다.

| 목차 |

본 장에서는 아두이노 스케치에서 제공하는 기본 프로그램을 수행하고, 기본적인 프로그램 구조를 학습한다. 아래에 있는 프로그램을 수행하면서, 기본적인 아두이노 프로그램을 학습한다.

- BareMinimum: 아두이노 스케치를 시작하기 위해 필요한 최소한의 기본 틀 코드
- Blink: LED 점등 및 소등
- DigitalReadSerial: 스위치를 읽고 아두이노 시리얼 모니터로 상태 인쇄
- AnalogReadSerial: Potentiometer를 읽고 아두이노 시리얼 모니터로 상태 인쇄
- Fade: LED를 흐리게 하기 위해 아날로그 출력 사용을 결정

4.1. BareMinimum 불러오기

아두이노 개발 환경이 설치된 디렉토리 (여기서는 C:\Arduino\)에 있는 arduino.exe 파일을 두 번 클릭하여 프로그램을 실행한다. 다음으로 그림 4.1과 같이 BareMinimum 샘플 프로그램을 클릭하여 새로운 스케치 창을 연다.

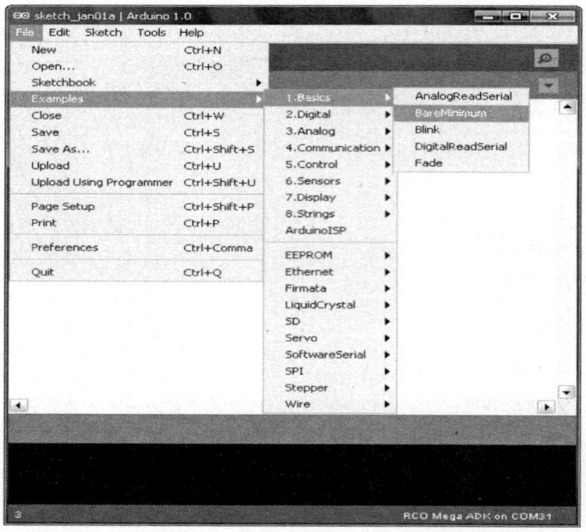

그림 4.1. BareMinimum 샘플 프로그램 선택 화면

4.2. 프로그램 구조 (기본 틀)

BareMinimum (기본 틀) 프로그램은 아두이노 스케치 프로그램을 컴파일하고, 수행하기 위한 기본 프로그램을 제공한다. 그림 4.2는 이러한 프로그램 창을 나타낸 것이다.

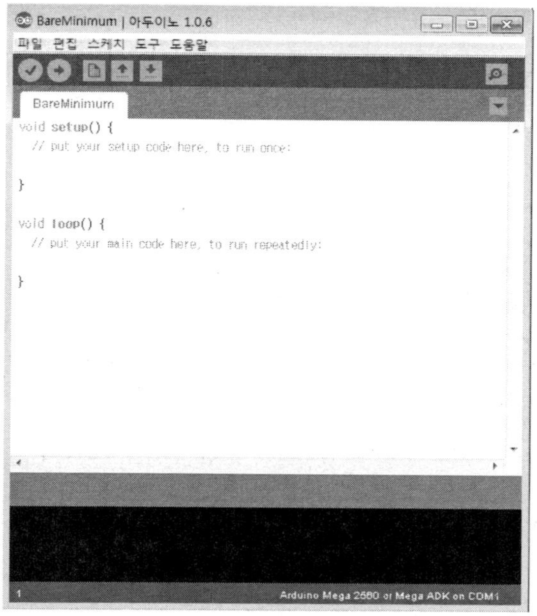

그림 4.2. BareMinimum 프로그램 창

이 예제는 아두이노 프로그램이 컴파일하기 위한 최소한의 코드이다. 프로그램에서 함수는 setup( ) 함수와 loop( ) 함수로 구성된다.

- setup( ) 함수
- loop( ) 함수

그림 4.2에 포함된 프로그램의 각 부분을 설명하면 다음과 같다.

· /*........*/: 몇 라인 주석처리

· 더블 슬래시(//): 한 라인 주석 처리
· 각행의 끝부분은 ;(세미콜론)으로 처리(단, 중괄호({ })에는 ;를 첨가하지 않음)
· 세미콜론(;) : 줄바꿈(각 행의 끝)
· void는 함수를 처리 후 전달할 정보가 없다는 의미(형태가 없이 전달하는 값이 없음)
· 구문 또는 블록(실행시킬 함수)의 시작과 끝: 중괄호({ })
· 데이터 구분: 쉼표(,)
· 소괄호 ( ): 함수 표현

4.2.1. setup( ) 함수 설명

- 프로그램이 시작할 때 처음 이 함수가 호출된다.
- 이 함수는 보드가 power-up 후 한번만 수행하기 때문에 변수를 초기화하는 데 사용한다.
- 핀 모드 설정, 프로그램에서 사용하는 라이브러리 초기화 등, 아두이노 보드의 초기 설정을 수행한다.

4.2.2. loop( ) 함수 설명

- setup( ) 함수 수행 후 loop( )함수를 수행한다.
- loop( ) 함수는 함수 이름과 같이 함수 내에 있는 프로그램을 연속적으로 돌면서 프로그램을 재 수행(중괄호 안에 있는 명령들을 반복 수행)한다.
- 이 함수 내에서 아두이노 보드를 제어하는 주요 프로그램을 작성한다.

더블 슬래시 (//)로 시작하는 모든 라인은 컴파일러에서 읽을 수 없다. 따라서 주석과 같은 내용을 추가할 수 있다. 이 프로그램은 각각의 함수 내에 동작을 위한 프로그램이 작성되지 않아 아무것도 수행되지 않지만 프로그램을 작성하는 기본 틀로 사용하면 유용하다. 그림 4.3은 setup( ) 및 loop( ) 함수 사용 예를 나타낸다.

```
void setup( ){
// put your setup code here, to run once:

}

void loop( ) {
// put your main code here, to run repeatedly:

}
```

그림 4.3. setup( ) 및 loop( ) 함수 사용 예

4.3. Blink (LED 반짝이기)

이 프로그램은 RCO ADK 보드에 기본적으로 PIN13번에 연결되어 있는 LED를 점등/소등 제어를 실험함으로써 디지털 출력에 대한 간단한 실험을 할 수 있다. Blink 실험을 위해서는 RCO ADK 메인 모듈이 필요하다.

4.3.1. Blink 불러오기

Blink 프로그램을 그림 4.4 및 4.5와 같이 예제 프로그램에서 불러온다.

- 파일 → 예제 → 01.Basics → Blink

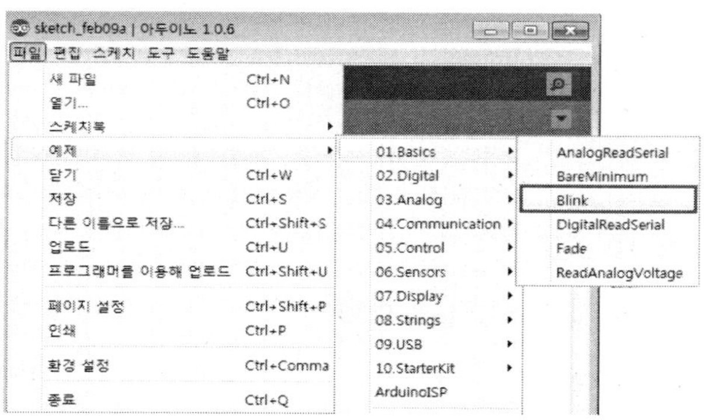

그림 4.4. LED Blink 프로그램 선택 화면

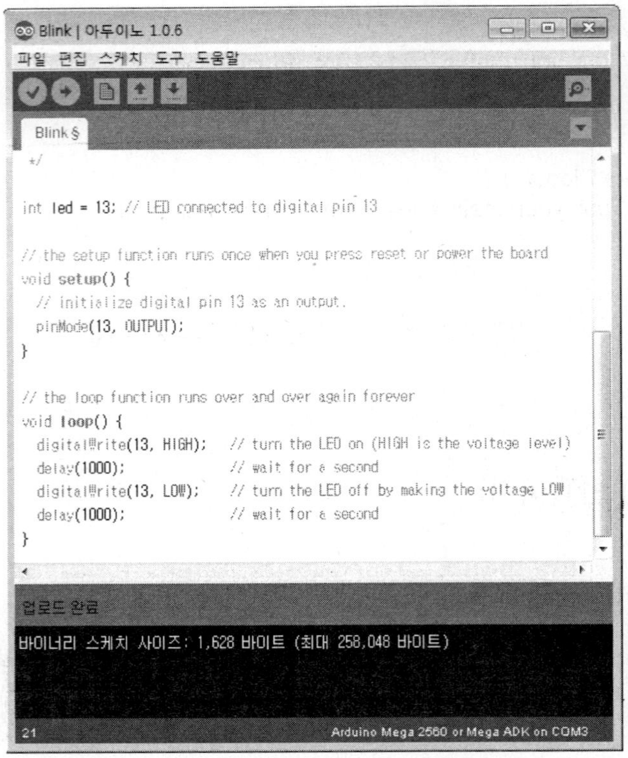

그림 4.5. 아두이노 프로그램 Blink 프로그램 창

4.3.2. 프로그램 설명

- int led = 13; //프로그램 추가 삽입

  setup( ) 함수 위쪽 공간 부분에 위치한다. 프로그램 전체에서 사용할 수 있는 전역 변수로 선언된다.

- pinMode (led, OUTPUT);

  led 변수는 13번으로 초기화된다. 13번 핀을 출력으로 설정한다.

- digitalWrite (13, HIGH);

  메인 루프에서는 라인으로 LED를 On (점등)

- digitalWrite (13, LOW);

  메인 루프에서는 라인으로 LED를 Off (소등)

- delay(1000);

  1000은 1/1000초 단위이며, 지금은 1초간의 지연을 가진다. 이 값을 변경하면, LED의 반짝이는 속도의 변화를 확인할 수 있다.

- 데이터형 표현

  - int: 정수(integer의 약자)(32비트)
  - char: 한 바이트 문자(character의 약자)(8비트)
  - const: 다시 변환이 불가능한 변수(즉 상수)(constant의 약자)
  - long: 32비트

- 변수와 상수명의 첫 글자는 반드시 영문이며, 대문자와 소문자는 구분된다.

그림 4.6은 Blink 프로그램 사용 예를 나타낸 것이다.

```
/*
  Blink
  Turns on an LED on for one second, then off for one second, repeatedly.
  This example code is in the public domain.
 */

int led = 13; // LED connected to digital pin 13

// the setup function runs once when you press reset or power the board
void setup() {
  // initialize digital pin 13 as an output.
  pinMode(13, OUTPUT);
}

// the loop function runs over and over again forever
void loop() {
  digitalWrite(13, HIGH);   // turn the LED on (HIGH is the voltage level)
  delay(1000);              // wait for a second
  digitalWrite(13, LOW);    // turn the LED off by making the voltage LOW
  delay(1000);              // wait for a second
}
```

그림 4.6. Blink 프로그램 사용 예

4.4. Digital Read Serial

이 예제는 버튼 스위치의 상태를 모니터링하는 방법을 보여준다. USB 시리얼 통신을 이용하여 데이터 값을 호스트 컴퓨터로 전달한다.

4.4.1. 필요 모듈

Digital Read Serial 통신을 위해서는 그림 4.7과 같이 RCO ADK 메인 모듈과 디지털 IO 모듈이 필요하다.

- RCO ADK 메인 모듈
- 디지털 IO 모듈

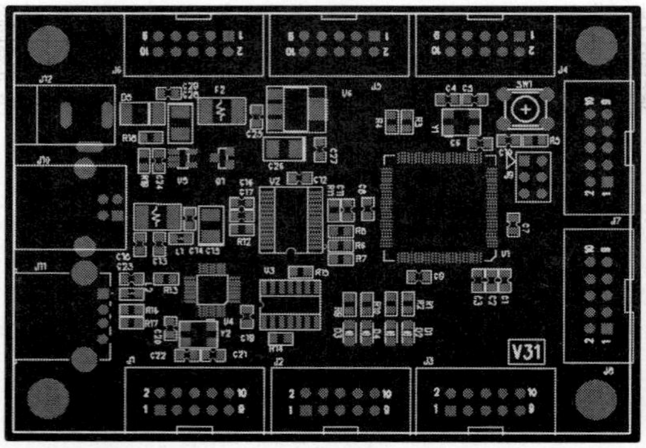

(a) RCO ADK 메인 모듈

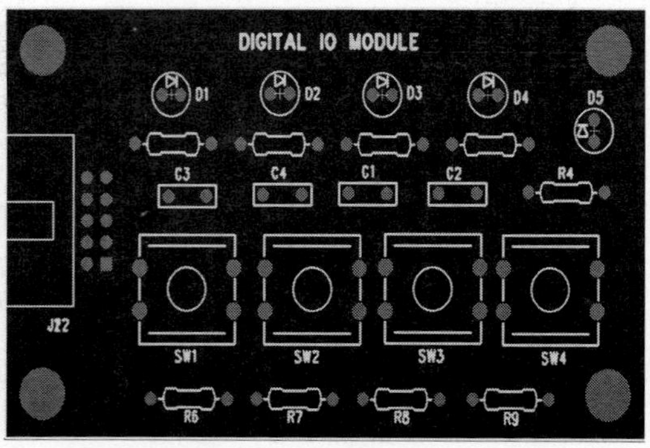

(b) 디지털 IO 모듈

그림 4.7. Digital Read Serial 통신을 위한 필요 모듈

4.4.2. 핀 연결

그림 4.8은 Digital Read Serial 통신을 위한 회로도 및 핀 연결 매핑 테이블을 나타낸 것이다.

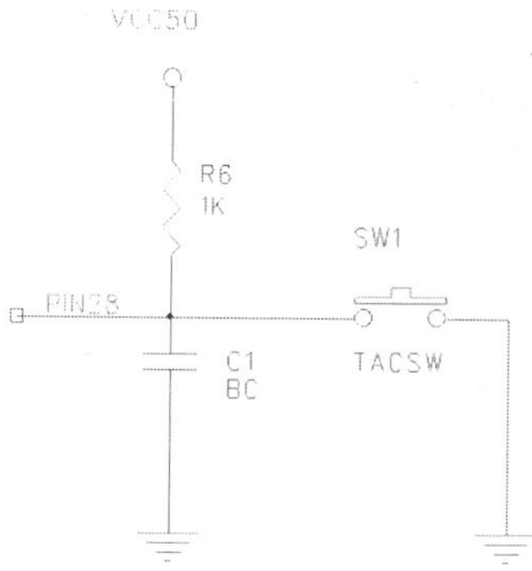

	1	PIN24	PA2		DIO-LED1
	2	PIN25	PA3		DIO-LED2
	3	PIN26	PA4		DIO-LED3
	4	PIN27	PA5		DIO-LED4
J4	5	PIN28	PA6		DIO-KEY1
	6	PIN29	PA7		DIO-KEY2
	7	PIN30	PC7		DIO-KEY3
	8	PIN31	PC6		DIO-KEY4
	9	VCC5	VCC5		
	10	GND	GND		

(a) 회로도 (b) 핀 연결 매핑 테이블

그림 4.8. Digital Read Serial 통신을 위한 회로도 및 핀 연결 매핑 테이블

그림 4.9의 메인 보드에 있는 J4와 디지털 IO 서브 모듈을 10핀 케이블로 연결한다.

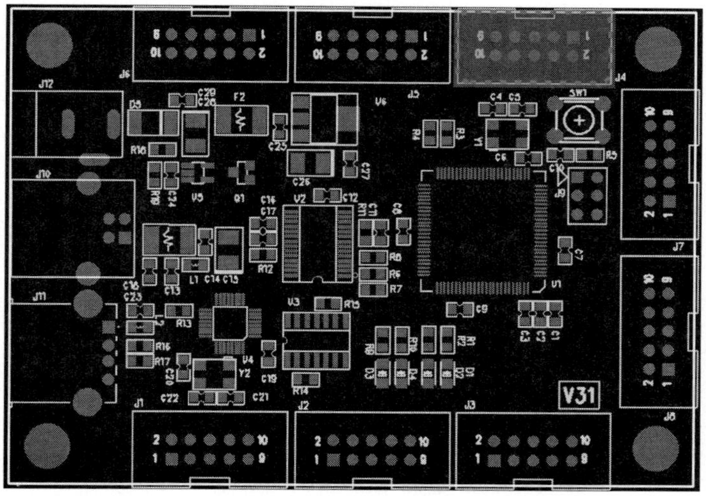

그림 4.9. Digital Read Serial 통신을 위한 모듈 간 연결

4.4.3. DigitalReadSerial 불러오기

그림 4.10에 나타낸 DigitalReadSerial 프로그램을 예제 프로그램에서 불러온다. 그림 4.11은 DigitalReadSerial 프로그램 창을 나타낸 것이다.

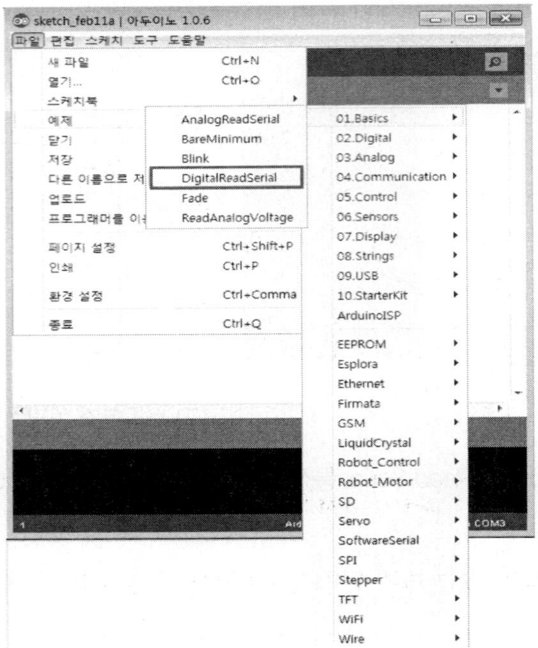

그림 4.10. DigitalReadSerial 프로그램 선택 화면

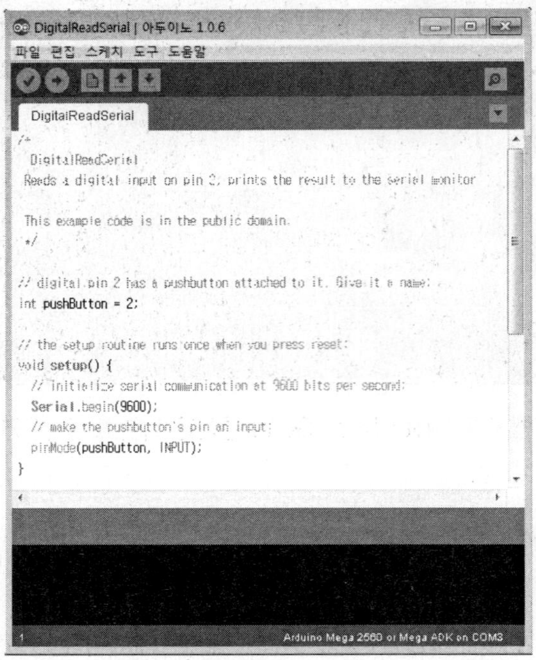

그림 4.11. DigitalReadSerial 프로그램 창

4.4.4. 프로그램 수정

RCO ADK 메인 보드와 IO 서브 모듈 간에 연결된 하드웨어 구성에 맞도록 그림 4.12와 같이 프로그램을 수정한다.

```
// digital pin 2 has a pushbutton attached to it. Give it a name:
int pushButton = 28;

// the setup routine runs once when you press reset:
void setup() {
  // initialize serial communication at 9600 bits per second:
  Serial.begin(9600);
  // make the pushbutton's pin an input:
  pinMode(pushButton, INPUT);  // pushButton은 입력장치이므로 INPUT으로 설정
}

// the loop routine runs over and over again forever:
void loop() {
  // read the input pin:
  int buttonState = digitalRead(pushButton);
  // print out the state of the button:
  Serial.println(buttonState);
  delay(100);          // delay in between reads for stability
}
```

그림 4.12. 프로그램 수정 예

SW1에 연결된 하드웨어 PIN_NO는 28이므로

- int pushButton = 28;

로 변경해 준다.

입력된 값 출력에 지연을 주기 위해서 0.1초 마다 출력을 하기 위해 delay 값을 1 → 100으로 변경하여 준다.

- delay(100) ;

4.4.5. 프로그램 설명

- Serial.begin (9600);

  초기 설정 루틴에서 호스트 컴퓨터와 통신을 하기 위한 시리얼 초당 9,600비트 통신 속도 설정 (시리얼 콘솔 디버깅 창에서 통신 속도 설정)

- pinMode (28,INPUT);

  그 다음 입력으로 디지털 핀 5, 버튼의 출력을 읽고 핀을 초기화

- int buttonState = digitalRead (28);

  28번 핀으로부터 디지털 on, off 상태 값을 읽는다.

- Serial.println(buttonState, DEC);

  읽은 값을 십진수 (decimal) 형태로 콘솔 창으로 출력한다. println의 "ln"은 뉴 라인을 표시하는 것이다.

4.4.6. 결과 확인

스케치 프로그램 툴 상단 오른 쪽에 있는 시리얼 모니터 아이콘을 클릭하고 콘솔 디버깅 창을 연결한다. 그림 4.13 및 4.14와 같은 결과를 확인할 수 있다.

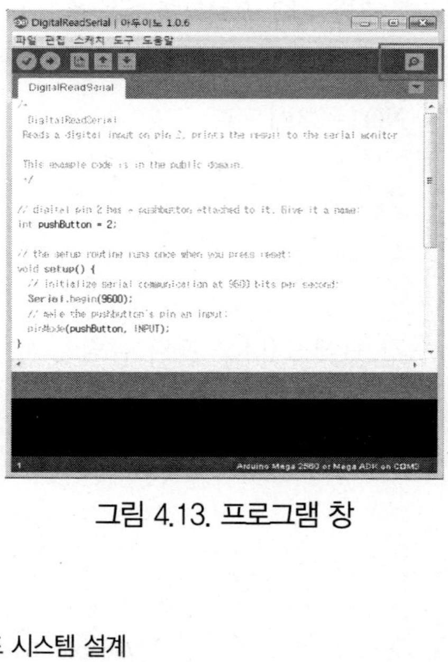

그림 4.13. 프로그램 창

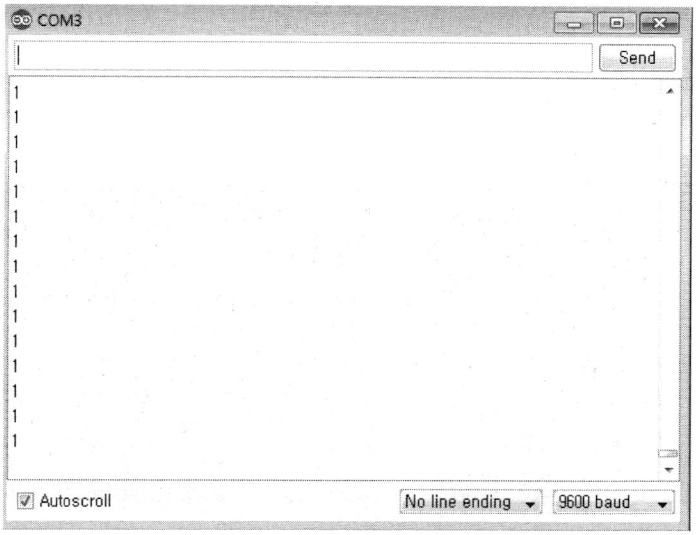

그림 4.14. 결과 확인 창

디지털 IO 모듈의 SW1을 누르면 화면에 "0"의 값이 나타나는 것을 확인할 수 있다. 입력되는 값을 화면을 통해서 출력한다.

4.5. Fading (LED 밝기 조절)

analogWrite( ) 함수를 사용함으로써 LED를 이용한 패이딩 (fading) 효과를 구현한다. 이 함수는 PWM (Pulse width modulation)을 사용하여 디지털 핀을 빠른 속도로 on-off 함으로써 LED 밝기를 이용한 패이딩 효과를 구현할 수 있다.

4.5.1. 필요 모듈

Fading 효과를 확인하기 위해서는 그림 4.15와 같이 RCO ADK 메인 모듈과 디지털 IO 모듈이 필요하다.

- RCO ADK 메인 보드
- 디지털 IO 모듈

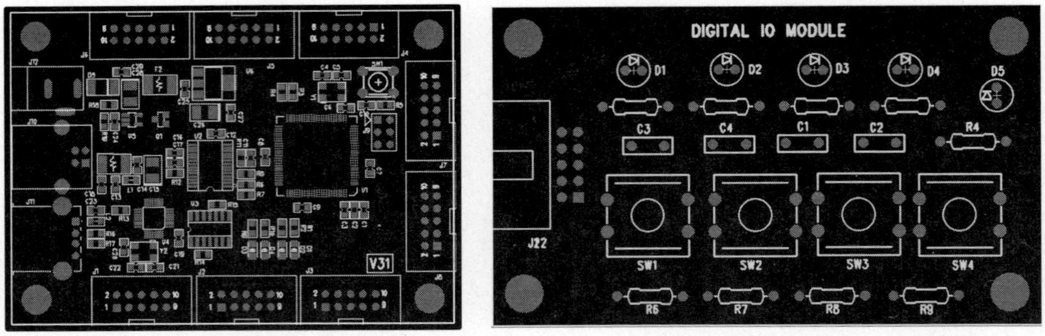

(a) RCO ADK 메인 모듈 (b) 디지털 IO 모듈

그림 4.15. Fading 효과를 위한 필요 모듈

4.5.2. 핀 연결

그림 4.16을 이용하여 메인 보드에 있는 J2와 디지털 IO 서브 모듈을 그림 4.17과 같이 10핀 케이블로 연결한다.

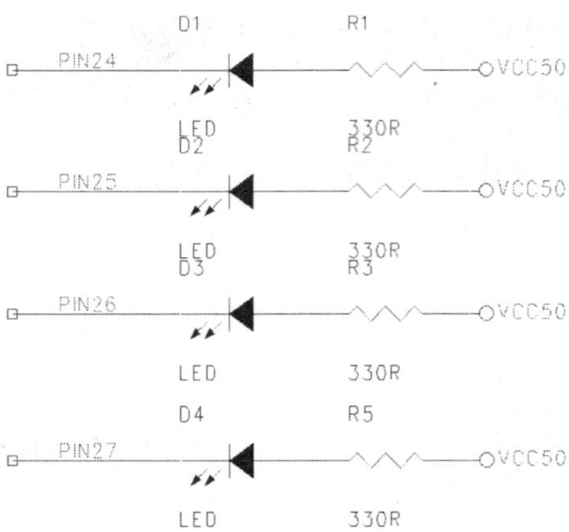

(a) 회로도

J2	1	PIN8	PH5 (OC4C)	DIO-LED1
	2	PIN9	PH6 (OC2B)	DIO-LED2
	3	PIN10	PB4 (OC2A/PCINT4)	DIO-LED3
	4	PIN11	PB5 (OC1A/PCINT5)	DIO-LED4
	5	PIN12	PB6 (OC1B/PCINT6)	DIO-KEY1
	6	PIN13	PB7 (OC0A/OC1C/PCINT7)	DIO-KEY2
	7	PIN14	PJ1 (TXD3/PCINT10)	DIO-KEY3
	8	PIN15	PJ0 (RXD3/PCINT9)	DIO-KEY4
	9	VCC5	VCC5	
	10	GND	GND	

(b) 핀 연결 매핑 테이블

그림 4.16. 패이딩 효과 확인을 위한 회로도 및 핀 연결 매핑 테이블

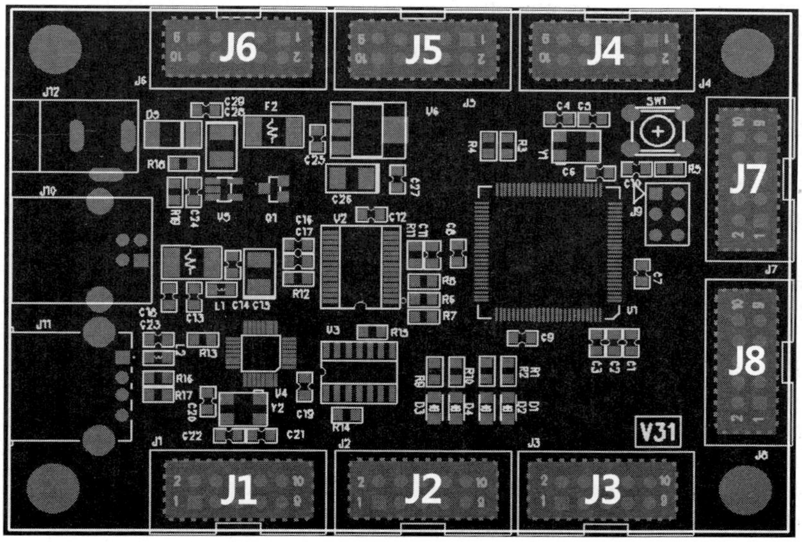

그림 4.17. 패이딩 테스트를 위한 모듈 간 연결

4.5.3. Fade 불러오기

Fade 프로그램을 예제 프로그램에서 불러온다.

- 파일 → 예제 → 01.Basics → Fade

4.5.4. 프로그램 수정

그림 4.18과 같이 RCO ADK 메인 보드와 디지털 IO 모듈 간에 연결된 하드웨어 구성에 맞도록 프로그램을 수정한다.

```
int led = 8;              // the pin that the LED is attached to
int brightness = 0;     // how bright the LED is
int fadeAmount = 5;     // how many points to fade the LED by

// the setup routine runs once when you press reset:
void setup()  {
  // declare pin 9 to be an output:
  pinMode(led, OUTPUT);
}

// the loop routine runs over and over again forever:
void loop()  {
  // set the brightness of pin 9:
  analogWrite(led, brightness);

  // change the brightness for next time through the loop:
  brightness = brightness + fadeAmount;

  // reverse the direction of the fading at the ends of the fade:
  if (brightness == 0 || brightness == 255) {
    fadeAmount = -fadeAmount ;
  }
  // wait for 30 milliseconds to see the dimming effect
  delay(30);
}
```

그림 4.18. 수정된 Fade 프로그램

LED1에 연결된 하드웨어 PIN_NO는 8이므로

- int led = 8;

로 변경해 준다.

4.5.5. 프로그램 설명

- analogWrite(led, brightness);

  변수 첫 번째 값은 핀의 번호, 두 번째는 PWM의 가변속도(0~255)를 나타낸다.
- pinMode(led, OUTPUT);

  그 다음 입력으로 디지털 핀 led, 버튼의 출력을 읽고 핀을 초기화
- 논리연산자

  - ||: 논리합(or)

  - &&: 논리곱(and)

  - !: 연산결과 state가 참이면 거짓, 거짓이면 참
- 관계연산자

  - a >= b: a가 b보다 크거나 같다

  - a == b: a가 b와 같다

  - a != b: a가 b와 같지 않다
- 지정연산자

  - += 의미: *hz += 10 →hz = hz + 10*, 즉 *x += y →x = x + y*
- / 또는 %: 나머지 연산자

4.5.6. 결과 확인

(실습 4.1) (1) LED1~LED4 모두 점등되는지 확인한다.

(2) Key1~Key4 모두 점등되는지 확인한다.

(3) LED1~LED4 모두 밝기가 변화되는 것을 확인한다.

Chapter 05

모듈 실습 (1)

| 학습목표 |

- RCO ADK 키트에서 제공하는 모듈에 대한 기본 동작 실험 실습을 수행한다.
- 각 모듈에 대한 동작 및 특성을 학습한다.
- 기본 동작에 대한 이해를 바탕으로 모듈들을 조합한다.
- 다양한 실험 프로젝트를 할 수 있도록 기본 프로그램을 학습한다.

| 목차 |

5.1. 디지털 IO 모듈 실험

PIN의 입출력을 설정하고, 원하는 IO 신호에 입력하는 방법을 학습한다.

5.1.1. 필요 모듈

디지털 IO 모듈 실험을 위해서 그림 5.1과 같이 RCO ADK 메인 모듈과 디지털 IO 모듈이 필요하다.

- RCO ADK 메인 보드
- 디지털 IO 모듈

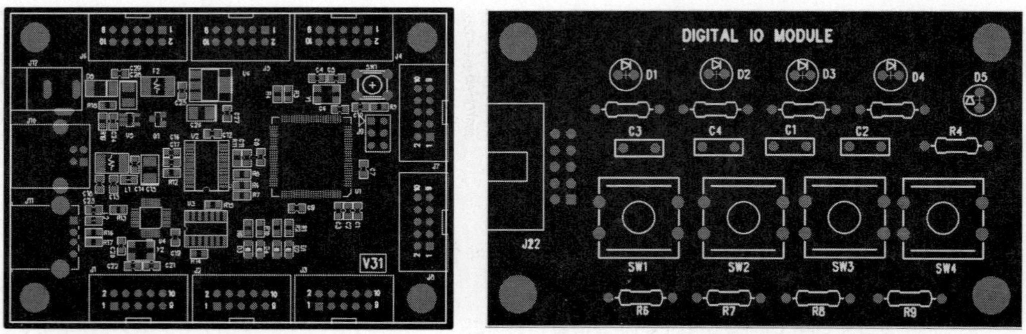

(a) RCO ADK 메인 모듈　　(b) 디지털 IO 모듈

그림 5.1. 디지털 IO 모듈 실험을 위한 필요 모듈

5.1.2. 핀 연결

그림 5.2는 디지털 IO 모듈 실험을 위한 회로도 및 핀 연결 매핑 테이블을 나타낸 것이다. 그림 5.3과 같이 메인 보드에 있는 J4와 디지털 IO 모듈을 10핀 케이블로 연결한다.

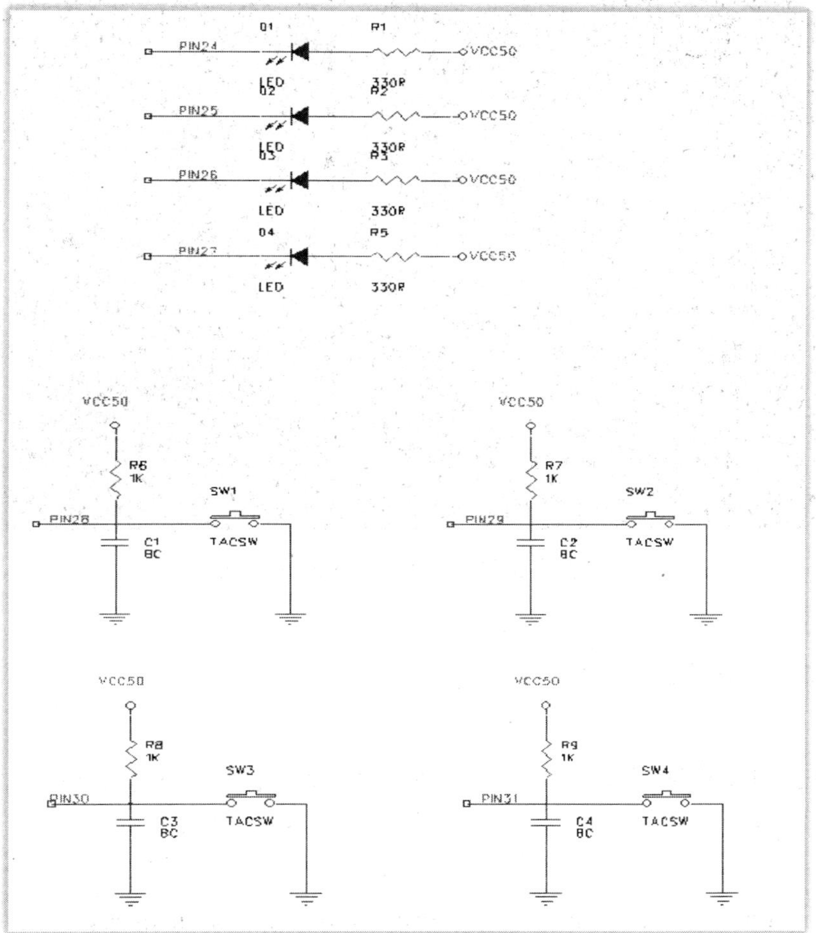

(a) 회로도

J4	1	PIN24	PA2	DIO-LED1
	2	PIN25	PA3	DIO-LED2
	3	PIN26	PA4	DIO-LED3
	4	PIN27	PA5	DIO-LED4
	5	PIN28	PA6	DIO-KEY1
	6	PIN29	PA7	DIO-KEY2
	7	PIN30	PC7	DIO-KEY3
	8	PIN31	PC6	DIO-KEY4
	9	VCC5	VCC5	
	10	GND	GND	

(b) 핀 연결 매핑 테이블

그림 5.2. 디지털 IO 모듈 실험을 위한 회로도 및 핀 연결 매핑 테이블

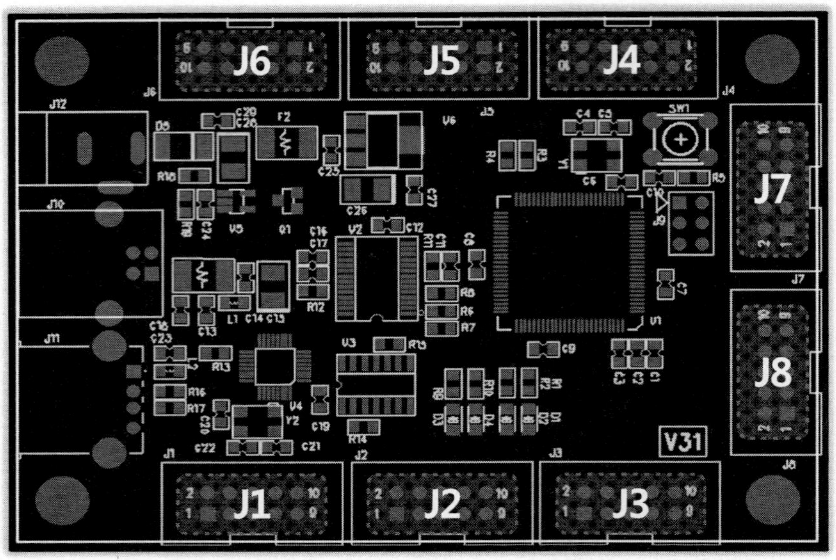

그림 5.3. 테스트를 위한 모듈 간 연결

5.1.3. 테스트 프로그램

그림 5.4는 디지털 IO 모듈 실험을 위한 테스트 프로그램을 나타낸 것이다.

```
// constants won't change. They're used here to set pin numbers:

const int ledPin1 =  24;      // the number of the LED pin (PIN24)
const int ledPin2 =  25;      // the number of the LED pin (PIN25)
const int ledPin3 =  26;      // the number of the LED pin (PIN26)
const int ledPin4 =  27;      // the number of the LED pin (PIN27)

const int buttonPin1 = 28;     // the number of the pushbutton pin (PIN28)
const int buttonPin2 = 29;     // the number of the pushbutton pin (PIN29)
const int buttonPin3 = 30;     // the number of the pushbutton pin (PIN30)
const int buttonPin4 = 31;     // the number of the pushbutton pin (PIN31)

// variables will change:
int buttonState1 = 1;
int buttonState2 = 1;
int buttonState3 = 1;
int buttonState4 = 1;

void setup() {
```

```
        // initialize the LED pin as an output:
        pinMode(ledPin1, OUTPUT);
        pinMode(ledPin2, OUTPUT);
        pinMode(ledPin3, OUTPUT);
        pinMode(ledPin4, OUTPUT);

        // initialize the pushbutton pin as an input:
        pinMode(buttonPin1, INPUT);
        pinMode(buttonPin2, INPUT);
        pinMode(buttonPin3, INPUT);
        pinMode(buttonPin4, INPUT);

}

void loop(){

        // read the state of the pushbutton value:
        buttonState1 = digitalRead(buttonPin1);
        buttonState2 = digitalRead(buttonPin2);
        buttonState3 = digitalRead(buttonPin3);
        buttonState4 = digitalRead(buttonPin4);

        // check if the pushbutton is pressed.
        // if it is, the buttonState is HIGH:

        if(buttonState1 == HIGH )
            digitalWrite(ledPin1, HIGH);
        else
            digitalWrite(ledPin1,LOW);

        if(buttonState2 == HIGH )
            digitalWrite(ledPin2, HIGH);
        else
            digitalWrite(ledPin2,LOW);

        if(buttonState3 == HIGH )
            digitalWrite(ledPin3, HIGH);
        else
            digitalWrite(ledPin3,LOW);

        if(buttonState4 == HIGH )
            digitalWrite(ledPin4, HIGH);
        else
            digitalWrite(ledPin4, LOW);

        delay(10);

}
```

그림 5.4. 디지털 IO 모듈 실험을 위한 테스트 프로그램

5.1.4. 결과 확인

(실습 5.1) 프로그램을 컴파일하고 업로드한다. SW1을 누르면 LED1(D1)이 점등되고, SW2를 누르면 LED2(D2)가 점등됨을 확인하시오.

(실습 5.2) 프로그램을 수정해서 LED1(D1)은 항상 점등되어 있고, SW2를 누르면 LED2 (D2)가 점등되고, SW3을 누르면 LED3(D3)이 점등됨을 확인하시오.

(실습 5.3) SW1을 누르면 LED1(D1)이 한 번 점등되고, SW2를 누르면 LED2(D2)가 두 번 점등되고, SW3을 누르면 LED3(D3)이 세 번 점등되고, SW4를 누르면 LED4(D4)가 네 번 점등되는 프로그램을 구현하시오.

(실습 5.4) SW1을 누르면 LED1(D1)이 한 번 점등되고, SW2를 누르면 LED2(D2)가 두 번 점등되고, SW3을 누르면 LED3(D3)이 네 번 점등되고, SW4를 누르면 LED4(D4)가 여덟 번 점등되는 프로그램을 구현하시오.

(실습 5.5) 프로그램을 수정해서 각자 독특한 디지털 IO 모듈을 구현하시오.

5.2. AD 테스트 모듈 실험

외부로부터 0 ~ 5V로 들어오는 전압 입력 값을 AD 핀으로 받아서 시리얼 출력한다. 외부로부터 아날로그 값을 받는 방법을 학습한다.

5.2.1. 필요 모듈

AD 테스트 모듈 실험을 위해서 그림 5.5와 같이 RCO ADK 메인 모듈과 AD 테스트 모듈이 필요하다.

- RCO ADK 메인 보드

- AD 테스트 모듈

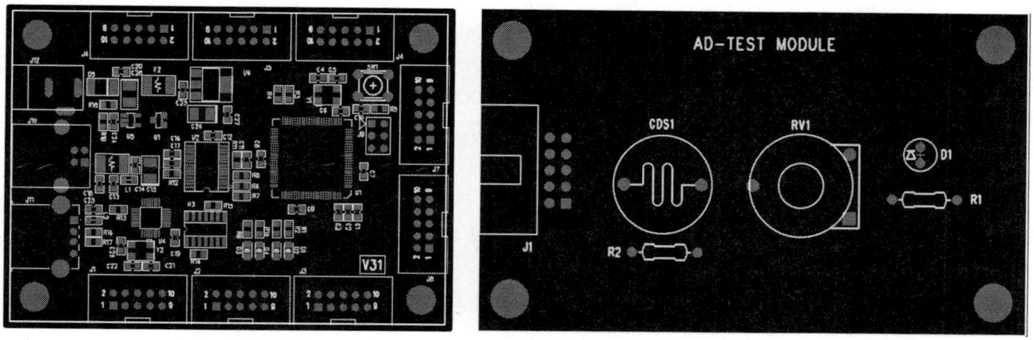

(a) RCO ADK 메인 모듈　　　　(b) AD 테스트 모듈

그림 5.5. AD 테스트 모듈 실험을 위한 필요 모듈

5.2.2. 핀 연결

그림 5.6은 AD 테스트 모듈 실험을 위한 회로도 및 핀 연결 매핑 테이블을 나타낸 것이다. 그림 5.7과 같이 메인 보드에 있는 J8과 AD 테스트 모듈을 10핀 케이블로 연결한다.

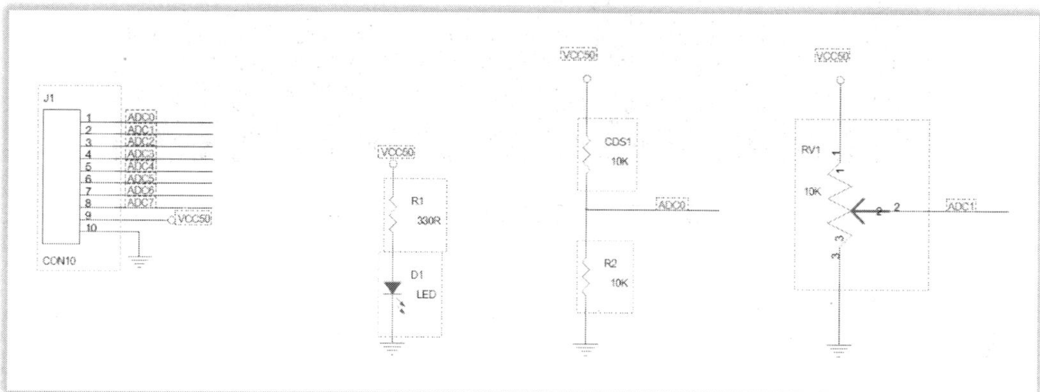

(a) 회로도

J8	1	ADC0	PF0 (ADC0)	ADC-CDS
	2	ADC1	PF1 (ADC1)	ADC-VR
	3	ADC2	PF2 (ADC2)	
	4	ADC3	PF3 (ADC3)	
	5	ADC4	PF4 (ADC4/TMK)	
	6	ADC5	PF5 (ADC5)	
	7	ADC6	PF6 (ADC6)	
	8	ADC7	PF7 (ADC7)	
	9	VCC5	VCC5	
	10	GND	GND	

(b) 핀 연결 매핑 테이블

그림 5.6. AD 테스트 모듈 실험을 위한 회로도 및 핀 연결 매핑 테이블

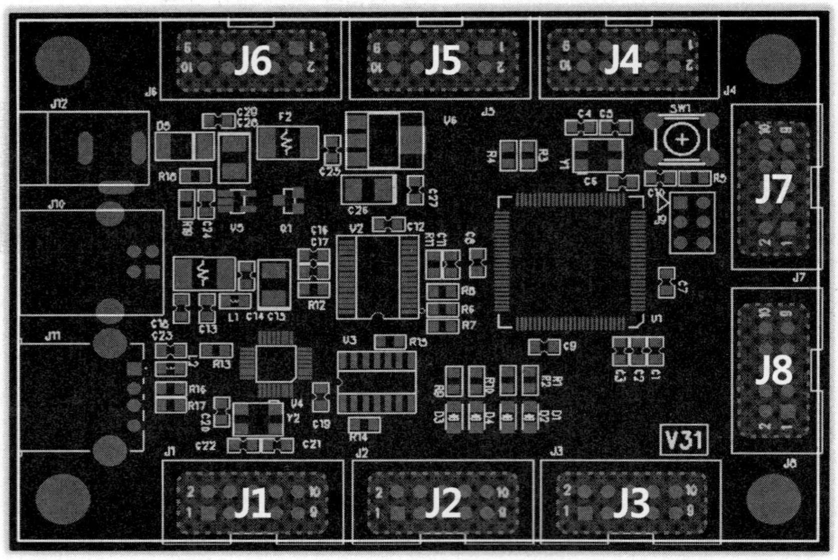

그림 5.7. 테스트를 위한 모듈 간 연결

5.2.3. 테스트 프로그램

그림 5.8은 AD 테스트 프로그램을 나타낸 것이다.

```
// These constants won't change.  They're used to give names
// to the pins used:
const int cdsInPin = A0;  // Analog input pin that the potentiometer is attached to
const int analogInPin = A1;  // Analog input pin that the potentiometer is attached to

int sensorValue = 0;          // value read from the pot
int cdsValue = 0;          // value read from the pot


void setup() {
  // initialize serial communications at 9600 bps:
  Serial.begin(9600);
}

void loop() {
  // read the analog in value:
  sensorValue = analogRead(analogInPin);
  cdsValue = analogRead(cdsInPin);
  // map it to the range of the analog out:

  // print the results to the serial monitor:
  Serial.print("sensor = " );
  Serial.println(sensorValue);

  Serial.print("cds = " );
  Serial.println(cdsValue);


  // wait 10 milliseconds before the next loop
  // for the analog-to-digital converter to settle
  // after the last reading:
  delay(1000);
}
```

그림 5.8. AD 테스트 프로그램

5.2.4. 결과 확인

프로그램을 컴파일하고 업로드한다. 스케치 프로그램 툴 상단 오른 쪽에 있는 시리얼 모니터 아이콘을 클릭하고 콘솔 디버깅 창을 연결한다. 콘솔 창은 입력된 값을 0 ~ 255로 변환하여 값으로 출력하여 준다.

DS1에 손으로 빛을 막아서 밝기에 대한 변화를 주면 그림 5.9(a)와 같이 값이 변화되는 것을 확인할 수 있다. RV1 가변 저항을 드라이브로 돌리면 그림 5.9(b)와 같이 값이 변화는 것을 확인할 수 있다.

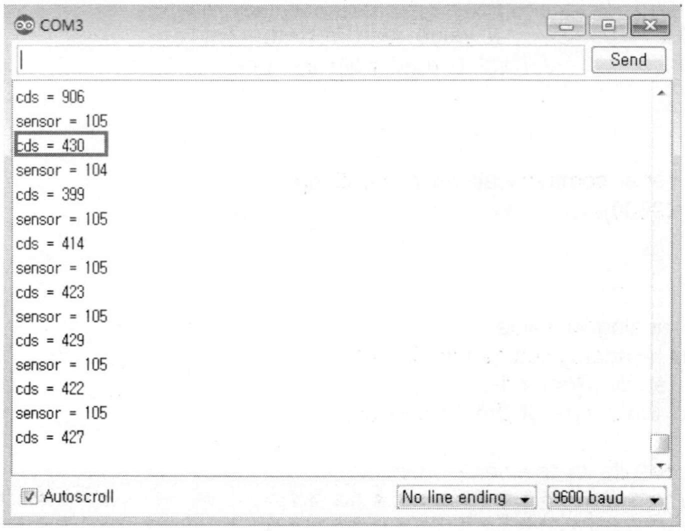

(a) 정상동작에서 CDS1 변경

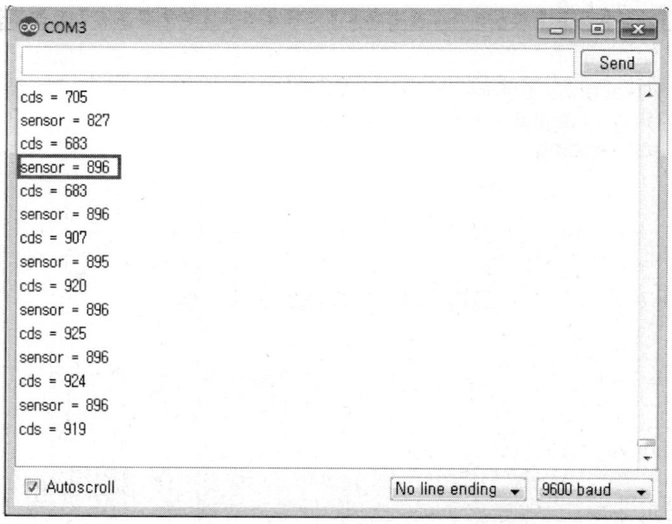

(b) 정상동작에서 RV1 변경

그림 5.9. 출력 창

(실습 5.6) 로그램을 수정해서 각자 독특한 AD 디바이스를 구현하시오.

(실습 5.7) 지털 IO 모듈과 AD 모듈을 이용하여 각자 독특한 모듈을 구현하시오.

5.3. 문자형 LCD 모듈 실험

아두이노 라이브러리에서 제공하는 LCD 라이브러리 객체를 이용하여 LCD에 문자를 출력한다.

5.3.1. 필요 모듈

문자형 LCD 테스트 모듈 실험을 위해서 그림 5.10과 같이 RCO ADK 메인 모듈과 문자형 LCD 테스트 모듈이 필요하다.

- RCO ADK 메인 보드
- 문자형 LCD 테스트 모듈

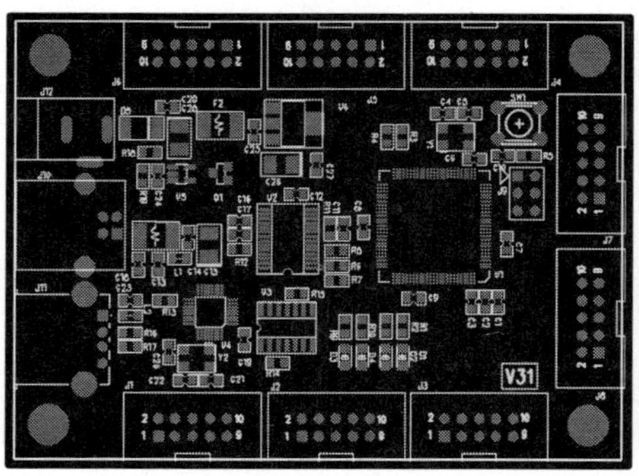

(a) RCO ADK 메인 모듈

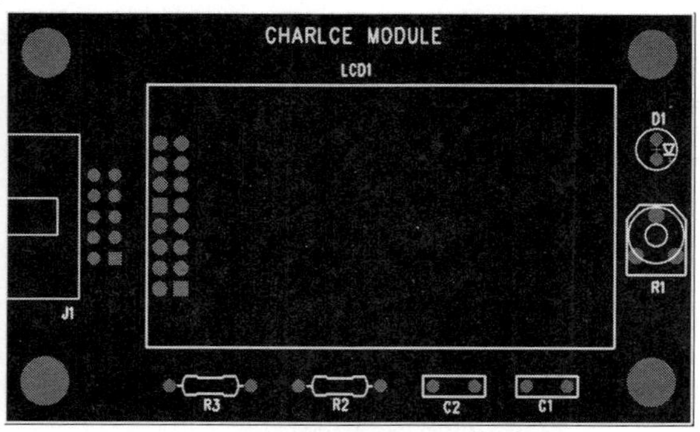

(b) 문자형 LCD 모듈

그림 5.10. 문자형 LCD 테스트 모듈 실험을 위한 필요 모듈

5.3.2. 핀 연결

그림 5.11은 문자형 LCD 모듈 실험을 위한 회로도 및 핀 연결 매핑 테이블을 나타낸 것이다. 메인 보드에 있는 J6과 문자형 LCD 모듈을 10핀 케이블로 연결한다.

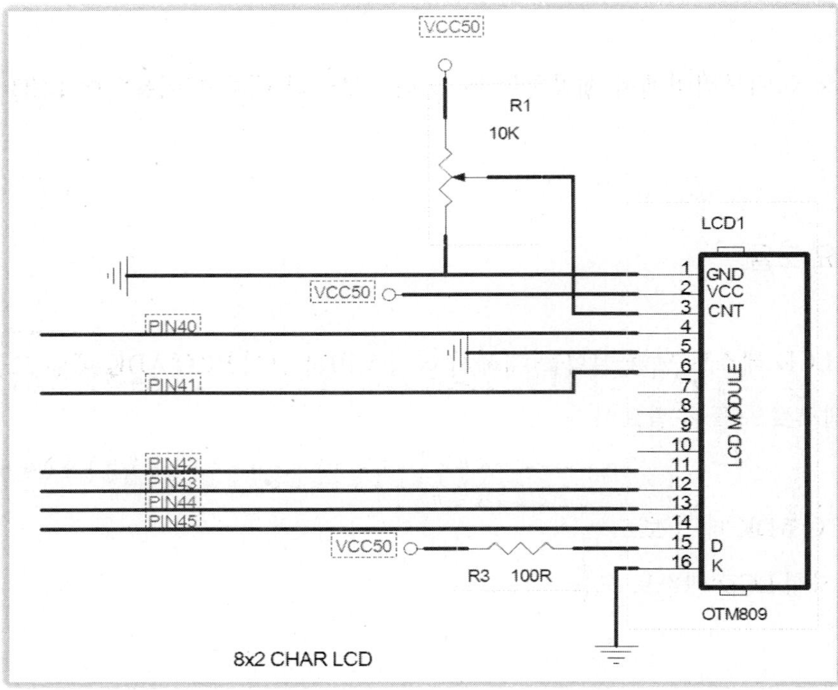

(a) 회로도

J6	1	PIN40	PG1	CHARLCD-RS
	2	PIN41	PG0	CHARLCD-EN
	3	PIN42	PL7	CHARLCD-D4
	4	PIN43	PL6	CHARLCD-D5
	5	PIN44	PL5	CHARLCD-D6
	6	PIN45	PL4	CHARLCD-D7
	7	PIN46	PL3	
	8	PIN47	PL2	
	9	VCC5	VCC5	
	10	GND	GND	

(b) 핀 연결 매핑 테이블

그림 5.11. 문자형 LCD 모듈 실험을 위한 회로도 및 핀 연결 매핑 테이블

5.3.3. 테스트 프로그램

그림 5.12는 문자형 LCD 모듈 테스트 프로그램을 나타낸 것이다.

```
// character LCD example code

#include <LiquidCrystal.h>
// Connections:
// rs (LCD pin 40) to Arduino pin 40
// enable (LCD pin 41) to Arduino pin 41
// LCD pins d4, d5, d6, d7 to Arduino pins 42,43,44,45
LiquidCrystal lcd(40, 41, 42, 43, 44, 45);

void setup()
{
     lcd.begin(8,2);                  // columns, rows.  use 16,2 for a 16x2 LCD, etc.
     lcd.clear();                     // start with a blank screen
     lcd.setCursor(0,0);              // set cursor to column 0, row 0 (the first row)
     lcd.print("Hello");      // change this text to whatever you like. keep it clean.
     lcd.setCursor(0,1);              // set cursor to column 0, row 1
     lcd.print("JYRYU");
}

void loop()
{

}
```

그림 5.12. 문자형 LCD 모듈 테스트 프로그램

5.3.4. 프로그램 설명

- #include <LiquidCrystal.h>

  LiquidCrystal 라이브러리를 사용하기 위해서는, 해당 함수를 정의하는 헤드 파일 (*.h)을 포함하는 문장을 작성한다. LiquidCrystal.h 파일은 C:\Arduino\libraries/ LiguidCrystal 디렉토리 밑에 작성되어 있음.

- LiquidCrystal lcd(40, 41, 42, 43, 44, 45);

  LiquidCrystal이라는 객체를 lcd라는 이름으로 사용함을 선언한다.

  이 과정은 LiquidCrystal이라는 객체를 실제 프로그램에서 lcd라는 이름으로 사용할 수 있게 해준다.

  lcd 객체를 초기화할 때, lcd와 연결된 핀에 대한 정보를 기입한다.

  LiquidCrystal lcd(rs, enable, d4, d5, d6, d7)

  변수

  rs: LCD에 있는 RS 핀에 연결된 핀 수

  enable: LCD에 있는 enable 핀에 연결된 핀 수

- lcd.begin(8,2);

  lcd가 8×2 사이즈 크기의 LCD라는 것을 정의하고 사용함을 알린다.

- lcd.clear();

  LCD 전체 화면에 있는 문자들을 모두 지운다.

- lcd.setCursor(0,0);

  LCD 출력을 위한 커서를 옮긴다. 지금은 좌표 (0, 0)으로 옮긴다.

- lcd.print("Hello");

  해당 좌표에서 문자("Hello") 를 출력한다.

5.3.5. 결과 확인

프로그램을 컴파일하고 업로드한다. 그림 5.13(a)와 같이 해당 문자형 LCD에 문자가 출력 되는 것을 확인한다. 만약 문자가 나타나지 않을 경우 그림 5.13(b)의 가변저항을 문자가 나타날 때까지 드라이버로 돌린다.

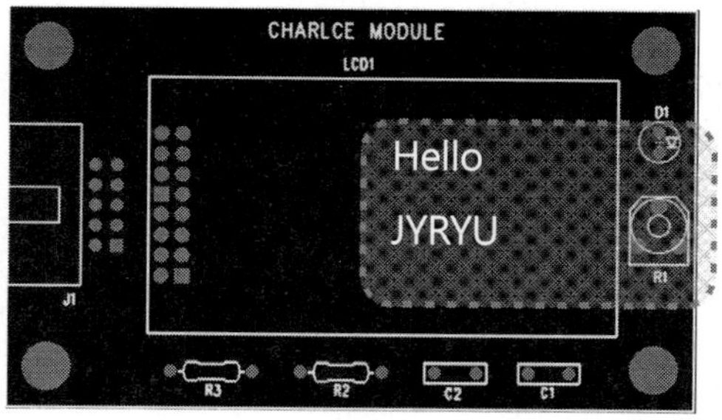

(a) 결과 확인

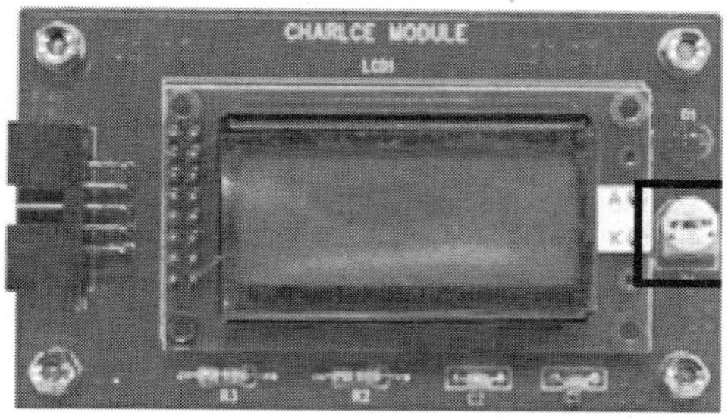

(b) 가변저항 조정

그림 5.13. 문자형 LCD에 출력된 화면

(실습 5.8) 프로그램에 출력되는 문자열을 수정해서 자기가 원하는 문자열이 화면 중앙에 출력되도록 모듈을 구현하시오.

(실습 5.9) 문자형 LCD 모듈, 디지털 IO 모듈, AD 모듈 등을 이용하여 각자 독특한 모듈을 구현하시오.

Chapter 06

모듈 실습 (2)

| 학습목표 |

- RCO ADK 키트에서 제공하는 모듈에 대한 기본 동작 실험 실습을 수행한다.
- 각 모듈에 대한 동작 및 특성을 학습한다.
- 기본 동작에 대한 이해를 바탕으로 모듈들을 조합한다.
- 다양한 실험 프로젝트를 할 수 있도록 기본 프로그램을 학습한다.

| 목차 |

6.1. 7SEGMENT 모듈 실험

- 7SEGMENT를 출력하는 프로그램을 작성한다.
- I2C 인터페이스를 가지고 SAA1064 칩을 구동하는 프로그램을 작성한다.
- I2C를 구동하는 라이브러리를 이용해서 SAA1064 드라이버 칩을 초기화하고 구동한다.

6.1.1. 필요 모듈

7SEGMENT 모듈 실험을 위해서 그림 6.1과 같이 RCO ADK 메인 모듈과 7SEGMENT 모듈이 필요하다.

- RCO ADK 메인 보드
- 7SEGMENT 모듈

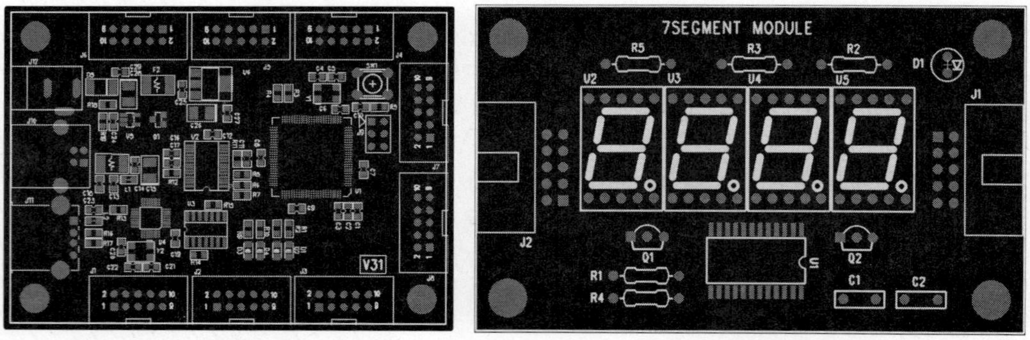

(a) RCO ADK 메인 모듈 (b) 7SEGMENT 모듈

그림 6.1. 7SEGMENT 모듈 실험을 위한 필요 모듈

6.1.2. 핀 연결

그림 6.2는 7SEGMENT 모듈 실험을 위한 회로도 및 핀 연결 매핑 테이블을 나타낸 것

이다. 메인 보드에 있는 J3과 7SEGMENT 모듈을 10핀 케이블로 연결한다. I2C 통신 방식을 이용하므로 보드와 서브 모듈 간에는 SDA와 SCL 두 신호선을 사용해서 통신을 한다.

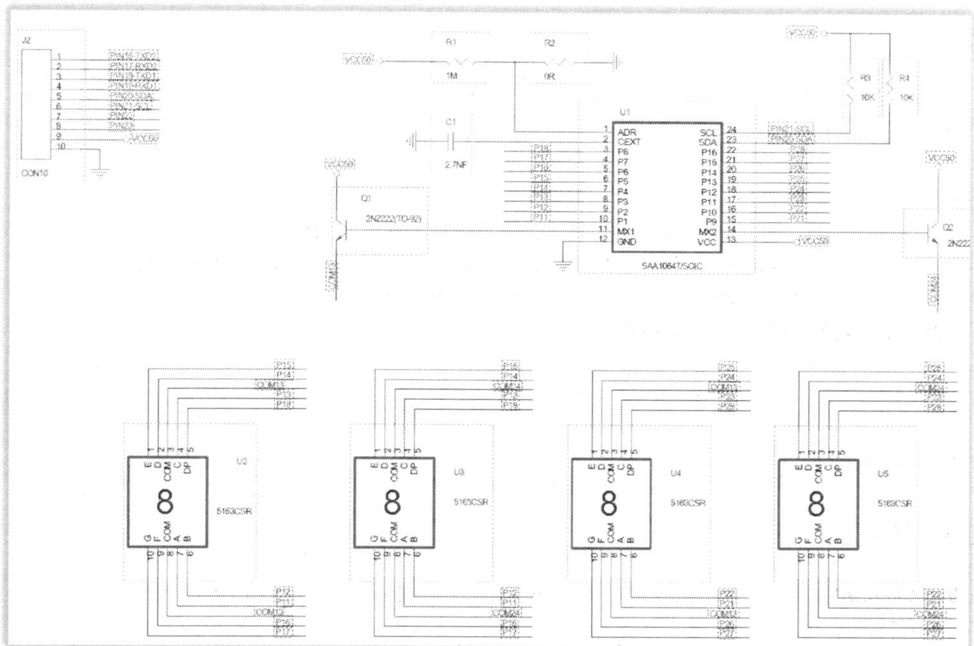

(a) 회로도

J3	1	PIN16	PH1 (TXD2)	
	2	PIN17	PH0 (RXD2)	
	3	PIN18	PD3 (TXD1/INT3)	
	4	PIN19	PD2 (RXDI/INT2)	
	5	PIN20	PD1 (SDA/INT1)	7SEG
	6	PIN21	PD0 (SCL/INT0)	7SEG
	7	PIN22	PA0	
	8	PIN23	PA1	
	9	VCC5	VCC5	
	10	GND	GND	

(b) 핀 연결 매핑 테이블

그림 6.2. 7SEGMENT 모듈 실험을 위한 회로도 및 핀 연결 매핑 테이블

6.1.3. 테스트 프로그램

그림 6.3은 7SEGMENT 모듈 테스트 프로그램을 나타낸 것이다.

```
/************************************************************
Example program I2C-7SEG interface with Arduino.

SETUP:     I2C-7SEG => Arduino
           PIN1 => +5V PIN2 => GND, PIN3 => A4, PIN4 => A5
Note:      The program is written for address 0x70 (Arduino address 0x38).
           This program was tested using Arduino Nano
Document: SAA1064 datasheet
Updated:  Febuary 13, 2015
************************************************************/

#include <Wire.h>

void setup()
{
  Wire.begin();          // join i2c bus (address optional for master)
  delay(500);
}

void loop()
{
  const int lookup[10] = {0x3F,0x06,0x5B,0x4F,0x66,
                      0x6D,0x7D,0x07,0x7F,0x6F};  // 16진수 시작은 0x로 표현
                                      // 0x3F는 0011 1111 → 7seg.의 '0'에 해당
                                      //0x06는 0000 0110 → 7seg.의 '1'에 해당
  int Count, Thousands, Hundreds, Tens, Base;

  Wire.beginTransmission(0x38); // 주소를 16진수로 표현
  Wire.write((byte) 0);
  Wire.write(B01000111);
  Wire.endTransmission();

  for (Count=0;Count<=9999;Count++) // 관계 연산자 <=는 작거나 같다의 의미
  {
    Wire.beginTransmission(0x38);
    Wire.write(1);
    Thousands = Count/1000;
```

```
        Hundreds = (Count-(Thousands*1000))/100;
        Tens = (Count-((Thousands*1000)+(Hundreds*100)))/10;
        Base = Count-((Thousands*1000)+(Hundreds*100)+(Tens*10));
        Wire.write(lookup[Base]);
        Wire.write(lookup[Tens]);
        Wire.write(lookup[Hundreds]);
        Wire.write(lookup[Thousands]);
        Wire.endTransmission();
        delay(10);
    }
}
```

그림 6.3. 7SEGMENT 모듈 테스트 프로그램

6.1.4. 프로그램 설명

- #include <Wire.h>

  I2C 라이브러리를 사용하기 위해서는 해당 함수를 정의하는 헤드 파일 (*.h)을 포함하는 문장을 추가한다.

  Wire.h 파일은 C:\Arduino\libraries/Wire 디렉토리 밑에 작성되어 있음.

- Wire.begin();

  I2C 통신을 위한 Wire 라이브러리를 사용할 수 있도록 선언한다.

- Wire.beginTransmission(0x38);

  SAA1064 칩에 설정되어 있는 어드레스 번지를 설정한다. I2C BUS는 2 라인에 여러 개의 디바이스들이 버스를 공유할 수 있으며, SAA1064 칩에 대한 고유 번지는 0x38로 사용한다. 여기서는 7SEGMENT 4개가 연결되어 있음.

- Wire.write((byte) 0);

  Control Register를 선택하고, 다음에 전송하는 바이트는 SAA1064 Control Register에 설정되는 값이다.

Subaddressing
The bits SC, SB and SA form a pointer and determine to which register the data byte following the instruction byte will be written. All other bytes will then be stored in the registers with consecutive subaddresses. This feature is called Auto-Increment (AI) of the subaddress and enables a quick initialization by the master.
The subaddress pointer will wrap around from 7 to 0.
The subaddresses are given as follows:

SC	SB	SA	SUB-ADDRESS	FUNCTION
0	0	0	00	control register
0	0	1	01	digit 1
0	1	0	02	digit 2
0	1	1	03	digit 3
1	0	0	04	digit 4
1	0	1	05	reserved, not used
1	1	0	06	reserved, not used
1	1	1	07	reserved, not used

- Wire.write(B01000111);
  - Bit Mode로 "01000111" 을 라이트 하여, 아래 사항을 설정한다.
  - 표현 형식: BXC6C5C4C3C2C1C0 (여기서 X는 don't care)
  - C0=1이면 U2~U5 모두 on, C0=0이면 U2, U4만 on (U3의 값을 U4에 출력)
  - 아래 그림에서 digits 1은 그림 6.2(a)에서 U2, digits 2는 그림 6.2(a)에서 U4를 의미함.

Control bits (see Fig.4)
The control bits C0 to C6 have the following meaning:

C0 = 0	static mode, i.e. continuous display of digits 1 and 2
C0 = 1	dynamic mode, i.e. alternating display of digit 1 + 3 and 2 + 4
C1 = 0/1	digits 1 + 3 are blanked/not blanked
C2 = 0/1	digits 2 + 4 are blanked/not blanked
C3 = 1	all segment outputs are switched-on for segment test(1)
C4 = 1	adds 3 mA to segment output current
C5 = 1	adds 6 mA to segment output current
C6 = 1	adds 12 mA to segment output current

- Wire.write(1);

첫 번째 디지트에 값을 쓰겠다는 의미로 값을 전달(여기서는 U2 디지트부터 값을 쓴다는 의미임. 만약 Wire.write(2)로 설정하면 U3 디지트부터 값을 쓰겠다는 의미임)한다. 다음에 전달하는 값은 첫 번째 디지트에 값이 쓰여 지며, 그 값이 숫자로 표현된다.

- Wire.write(lookup[Base]);

  디지트에 해당 값을 쓴다. 만약 Base 값이 2이면,

```
const int lookup[10] = {0x3F,0x06,0x5B,0x4F,0x66,
                        0x6D,0x7D,0x07,0x7F,0x6F};
```

  을 참조하여 2에 해당되는 칸의 값을 해당 디지트로 전송(위의 lookup[10]은 7세그먼트 표현으로 {0,1,2,...,8,9}를 의미함)한다. 실제 사용하는 상수와 LED를 표현하기 위한 상수가 다르므로 다음과 같은 변환 과정이 필요하다.

  해당 디지트에 연속된 값을 쓰면, 표현되는 값들은 1디지트 씩 쉬프트 되면서 연속적으로 표현된다.

6.1.5. 결과 확인

프로그램을 컴파일하고 업로드한다. 그림 6.4에서 해당 7SEGMENT 모듈에서 연속적으로 숫자가 counting되는 것을 확인한다.

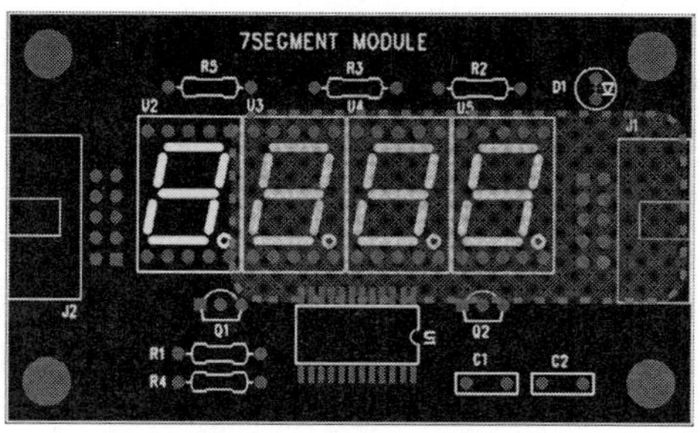

그림 6.4. 7SEGMENT 모듈 결과 확인

(실습 6.1) 프로그램에서 제공하는 함수를 이용하여 각각 디지트에 원하는 숫자(본인 은행 비번 4자리 등)가 출력될 수 있도록 프로그램을 수정하고 표현하시오.

(실습 6.2) 그림 6.3의 프로그램을 수정하여 4개의 푸시 버튼 스위치 (SW1~SW4)에 순서대로 눌렀을 때, 7-세그먼트 디스플레이(U2~U5)에 16진수(0~F)가 디스플레이 되도록 프로그램을 작성하시오.

(실습 6.3) 스탑워치를 구현하시오.

(실습 6.4) 7SEGMENT 모듈, 문자형 LCD 모듈, 디지털 IO 모듈, AD 모듈 등을 이용하여 각자 독특한 모듈을 구현하시오.

6.2. RELAY 모듈 실험

- Relay On/Off하는 프로그램을 작성한다.
- Relay는 다른 단자의 접점을 On/Off 하게 함으로써 전원을 연결하게 하거나, On/Off 접점 방식의 구동체를 구동하도록 지원한다.

6.2.1. 필요 모듈

RELAY 모듈 실험을 위해서 그림 6.5와 같이 RCO ADK 메인 모듈과 RELAY 모듈이 필요하다.

- RCO ADK 메인 보드
- RELAY 모듈

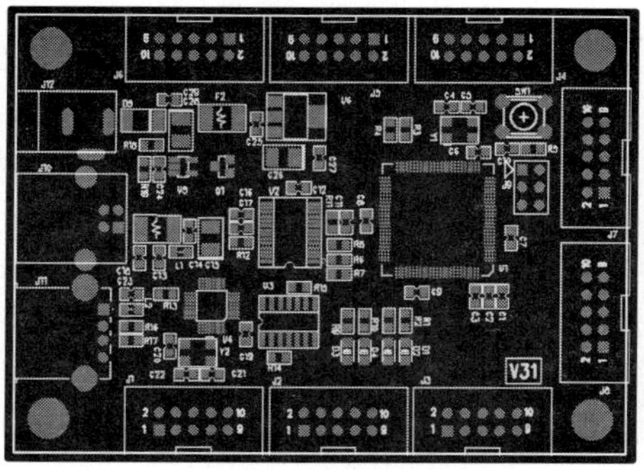

(a) RCO ADK 메인 모듈

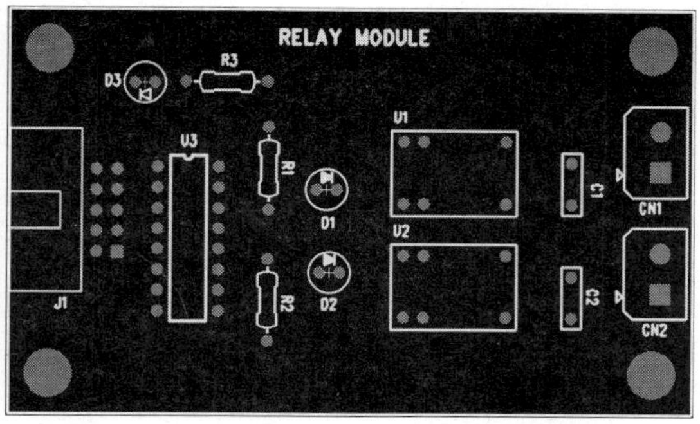

(b) RELAY 모듈

그림 6.5. RELAY 모듈 실험을 위한 필요 모듈

6.2.2. 핀 연결

그림 6.6은 RELAY 모듈 실험을 위한 회로도 및 핀 연결 매핑 테이블을 나타낸 것이다. 메인 보드에 있는 J5와 RELAY 모듈을 10핀 케이블로 연결한다. RELAY 모듈은 PIN32 및 PIN33을 사용한다.

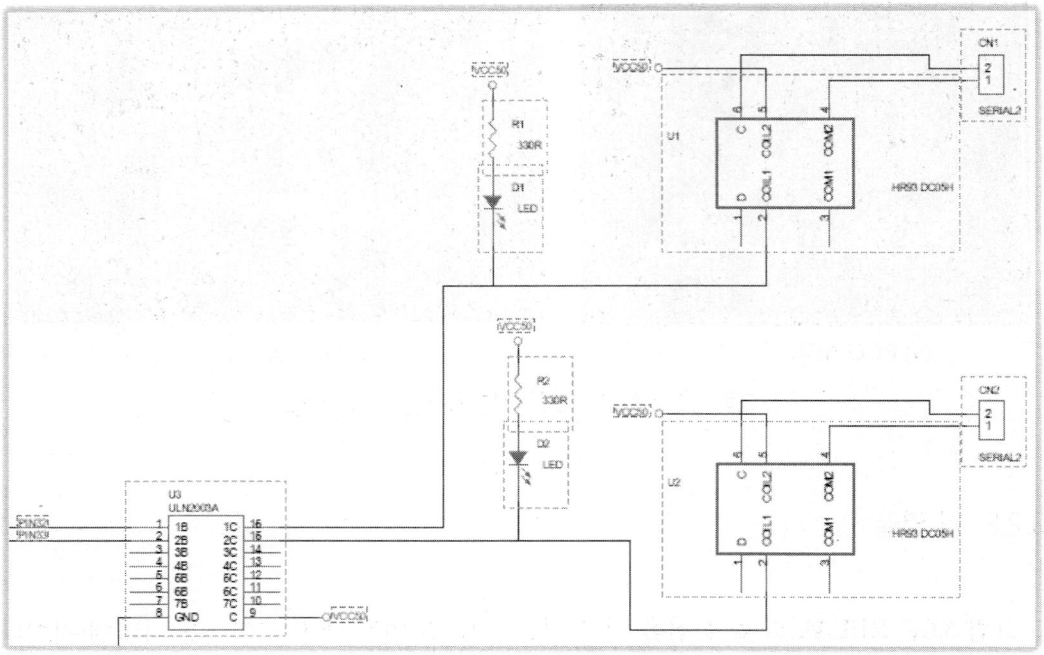

(a) 회로도

J5	1	PIN32	PC5	RELAY
	2	PIN33	PC4	RELAY
	3	PIN34	PC3	
	4	PIN35	PC2	
	5	PIN36	PC1	
	6	PIN37	PC0	
	7	PIN38	PD7	
	8	PIN39	PG2	
	9	VCC5	VCC5	
	10	GND	GND	

(b) 핀 연결 매핑 테이블

그림 6.6. RELAY 모듈 실험을 위한 회로도 및 핀 연결 매핑 테이블

6.2.3. 테스트 프로그램

그림 6.7은 RELAY 모듈 테스트 프로그램을 나타낸 것이다.

```
void setup() {

    // initialize the digital pin as an output.
    pinMode(32, OUTPUT);
    pinMode(33, OUTPUT);

}

void loop() {

    digitalWrite(32, HIGH);
    digitalWrite(32, HIGH);

    delay(1000);

    digitalWrite(33, LOW);
    digitalWrite(33, HIGH);

    delay(1000);
}
```

그림 6.7. RELAY 모듈 테스트 프로그램

6.2.4. 결과 확인

프로그램을 컴파일하고 업로드한다. 단자에 테스트 기를 RELAY 모듈 단자에 연결하고, 단자가 접점이 되는지 확인한다. 접점되는 소리(딱! 딱!)를 들을 수 있다.

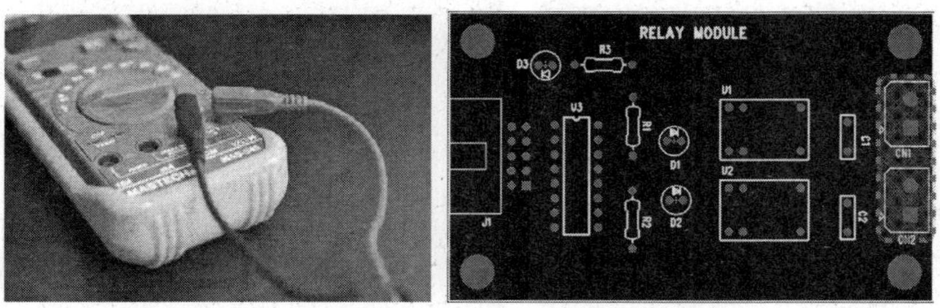

그림 6.8. RELAY 모듈 테스트 결과 확인

(**실습** 6.5) 릴레이를 이용하여 전류가 많이 필요한 모터, 접점을 이용한 전원 On/Off 등을 구현하여, On/Off 제어로 시스템 제어를 구현하시오.

(**실습** 6.6) 릴레이 모듈, 7SEGMENT 모듈, 문자형 LCD 모듈, 디지털 IO 모듈, AD 모듈 등을 이용하여 각자 독특한 모듈을 구현하시오.

6.3. PWM 모듈 실험 (BEEP)

- PIN을 입출력으로 설정하고, 원하는 IO 신호를 출력하고, 입력하는 방법을 학습한다.

6.3.1. 필요 모듈

PWM 모듈 실험을 위해서 그림 6.9와 같이 RCO ADK 메인 모듈과 PWM 모듈이 필요하다.

- RCO ADK 메인 보드
- PWM 모듈

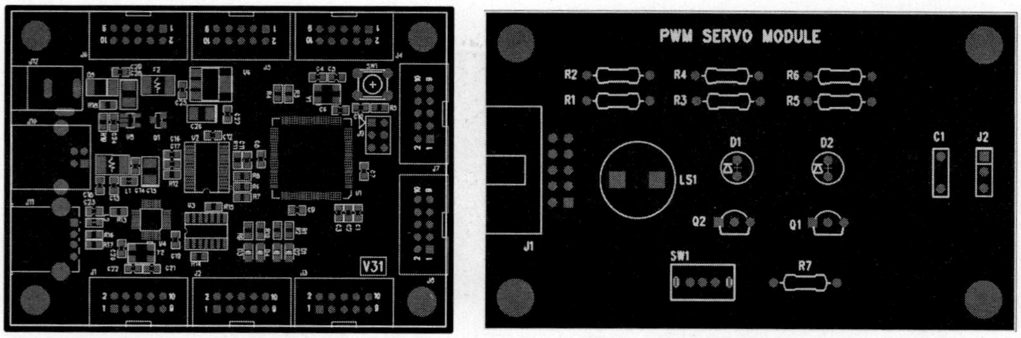

(a) RCO ADK 메인 모듈 (b) PWM 모듈

그림 6.9. PWM 모듈 실험 (BEEP)을 위한 필요 모듈

6.3.2. 핀 연결

그림 6.10은 PWM 모듈 실험을 위한 회로도 및 핀 연결 매핑 테이블을 나타낸 것이다. 메인 보드에 있는 J2와 PWM 모듈을 10핀 케이블로 연결한다.

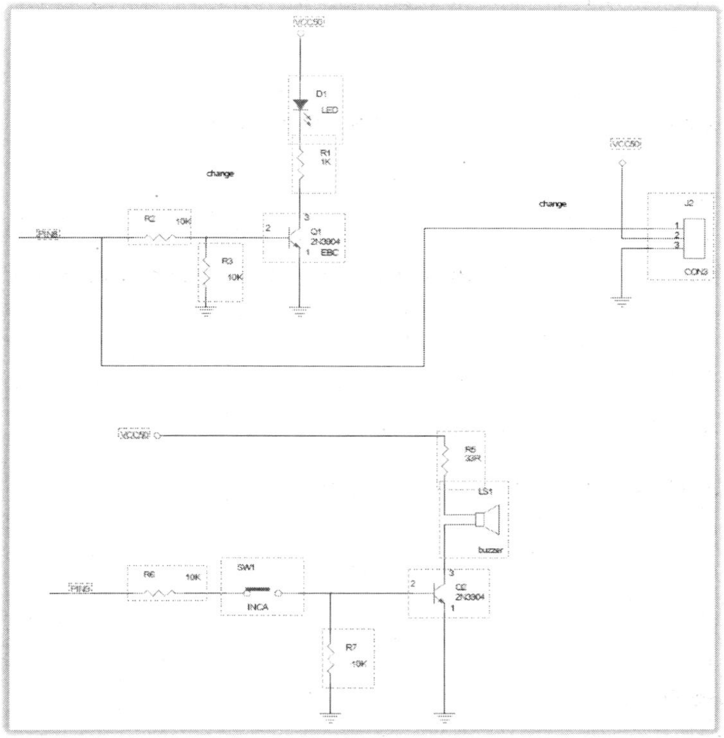

(a) 회로도

J2	1	PIN8	PH5 (OC4C)	SERVO
	2	PIN9	PH6 (OC2B)	BEEP
	3	PIN10	PB4 (OC2A/PCINT4)	
	4	PIN11	PB5 (OC1A/PCINT5)	
	5	PIN12	PB6 (OC1B/PCINT6)	
	6	PIN13	PB7 (OC0A/OC1C/PCINT7)	
	7	PIN14	PJ1 (TXD3/PCINT10)	
	8	PIN15	PJ0 (RXD3/PCINT9)	
	9	VCC5	VCC5	
	10	GND	GND	

(b) 핀 연결 매핑 테이블

그림 6.10. PWM 모듈 실험 (BEEP)을 위한 회로도 및 핀 연결 매핑 테이블

6.3.3. 테스트 프로그램

그림 6.11은 PWM 모듈 테스트 (BEEP) 프로그램을 나타낸 것이다.

```
// constants won't change. They're used here to
// set pin numbers:


const int pwmpin =  9;       // the number of the BEEP pin

int hz = 0;

// variables will change:
int buttonState = 0;         // variable for reading the pushbutton status
int value = 0xF0;

void setup() {

    // initialize the BEEP pin as an output:

    pinMode(pwmpin, OUTPUT);

}

void loop(){

    hz += 10;
    tone(pwmpin,hz);
    delay(100);

    if(hz == 5000) hz = 0;

}
```

그림 6.11. PWM 모듈 테스트 (BEEP) 프로그램

6.3.4. 프로그램 설명

- tone(pwmpin, hz);

pwmpin 핀에 hz로 설정된 주파수 핀으로 PWM이 출력된다. pwm 값을 조정함으로써 다양한 소리를 출력할 수 있다.

6.3.5. 결과 확인

프로그램을 컴파일하고 업로드한다. Beep를 통해서 소리가 고음으로 갔다가 저음으로 갔다를 반복함을 확인한다.

(실습 6.7) tone 함수의 주파수를 변형하여 간단한 음악을 연출한다. 학교 종이를 구현하여 소리가 나도록 구현하시오.

(실습 6.8) PWM 모듈, 릴레이 모듈, 7SEGMENT 모듈, 문자형 LCD 모듈, 디지털 IO 모듈, AD 모듈 등을 이용하여 각자 독특한 모듈을 구현하시오.

6.4. PWM 모듈 실험 (SERVO-HS311)

- PIN을 입출력으로 설정하고, 원하는 IO 신호를 출력하고, 입력하는 방법을 학습한다.

6.4.1. 필요 모듈

PWM 모듈 실험을 위해서 그림 6.12와 같이 RCO ADK 메인 모듈과 PWM 모듈이 필요하다.

- RCO ADK 메인 보드
- PWM 모듈

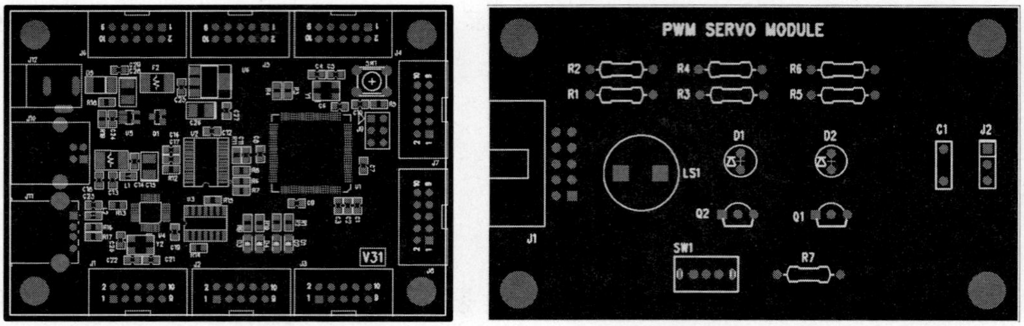

(a) RCO ADK 메인 모듈 (b) PWM 모듈

그림 6.12. PWM 모듈 실험 (SERVO-HS311)을 위한 필요 모듈

6.4.2. 핀 연결

그림 6.13은 PWM 모듈 실험 (SERVO-HS311)을 위한 회로도 및 핀 연결 매핑 테이블을 나타낸 것이다. 메인 보드에 있는 J2와 PWM 모듈을 10핀 케이블로 연결한다.

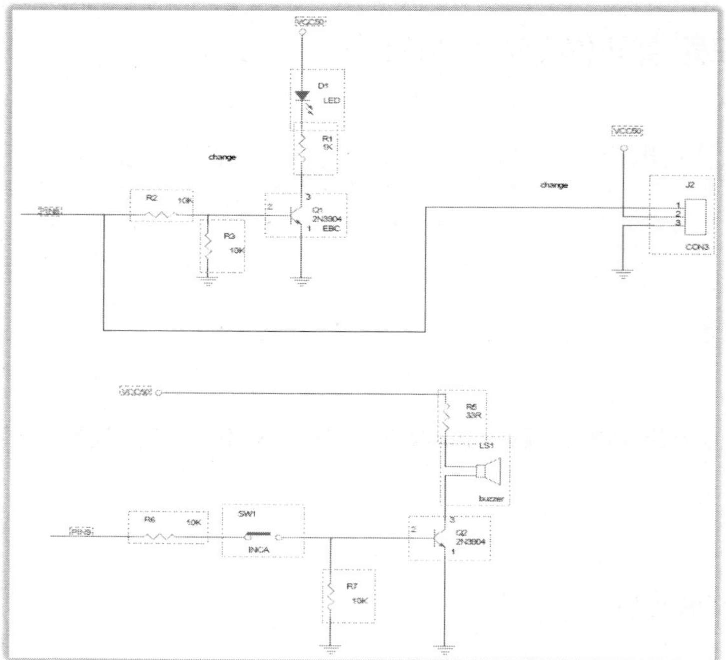

(a) 회로도

J2	1	PIN8	PH5 (OC4C)	SERVO
	2	PIN9	PH6 (OC2B)	BEEP
	3	PIN10	PB4 (OC2A/PCINT4)	
	4	PIN11	PB5 (OC1A/PCINT5)	
	5	PIN12	PB6 (OC1B/PCINT6)	
	6	PIN13	PB7 (OC0A/OC1C/PCINT7)	
	7	PIN14	PJ1 (TXD3/PCINT10)	
	8	PIN15	PJ0 (RXD3/PCINT9)	
	9	VCC5	VCC5	
	10	GND	GND	

(b) 핀 연결 매핑 테이블

그림 6.13. PWM 모듈 실험 (SERVO-HS311)을 위한 회로도 및 핀 연결 매핑 테이블

6.4.3. 테스트 프로그램

그림 6.14는 PWM 모듈 테스트 (SERVO-HS311) 프로그램을 나타낸 것이다.

```
// Sweep
// by BARRAGAN <http://barraganstudio.com>
// This example code is in the public domain.

#include <Servo.h>

Servo myservo;  // create servo object to control a servo
                // a maximum of eight servo objects can be created

int pos = 0;    // variable to store the servo position

void setup()
{
  myservo.attach(8);  // attaches the servo on pin 9 to the servo object
}

void loop()
{
  for(pos = 0; pos < 180; pos += 1)  // goes from 0 degrees to 180 degrees
  {                                  // in steps of 1 degree
    myservo.write(pos);              // tell servo to go to position in variable 'pos'
    delay(15);                       // waits 15ms for the servo to reach the position
```

```
  }
  for(pos = 180; pos>=1; pos-=1)        // goes from 180 degrees to 0 degrees
  {
    myservo.write(pos);                  // tell servo to go to position in variable 'pos'
    delay(15);                           // waits 15ms for the servo to reach the position
  }
}
```

그림 6.14. PWM 모듈 테스트 (SERVO-HS311) 프로그램

6.4.4. 프로그램 설명

- #include <Servo.h>

  Servor Motor 라이브러리를 사용하기 위해서는 해당 함수를 정의하는 헤드 파일 (*.h) 파일을 포함하는 문장을 작성한다.
- Servo myservo;

  Servo라는 객체를 myservo라는 이름으로 사용한다고 선언한다.

  이 과정은 Servo라는 객체를 실제 프로그램에서 myservo라는 이름으로 사용할 수 있게 해준다.

  서보라는 객체를 초기화할 때, 서보와 연결된 핀에 대한 정보를 기입한다.
- myservo.attach(8);

  myservo 객체를 초기화할 때, 서보 모터와 연결된 핀에 대한 정보를 기입한다.
- myservo.write(pos);
- pos 변수에 서보 모터의 위치를 입력한다.

6.4.5. 결과 확인

프로그램을 컴파일하고 업로드한다. 서브 모듈에 있는 J2 단자에 그림 6.15와 같이 Servo Motor (HS311)를 연결한다. 서보 모터가 좌우로 회전하면서 동작하는 것을 확인한다.

그림 5.15. 연결한 서보 모터

(**실습** 6.9) 프로그램을 수정하여 원하는 위치에 서보 모터가 위치하도록 프로그램한다. 다양한 동작을 할 수 있도록 구현하시오.

(**실습** 6.10) 서보 모터 모듈, PWM 모듈, 릴레이 모듈, 7SEGMENT 모듈, 문자형 LCD 모듈, 디지털 IO 모듈, AD 모듈 등을 이용하여 각자 독특한 모듈을 구현하시오.

Chapter 07

모듈 실습 (3)

| 학습목표 |

- RCO ADK 키트에서 제공하는 모듈에 대한 기본 동작 실험 실습을 수행한다.
- 각 모듈에 대한 동작 및 특성을 학습한다.
- 기본 동작에 대한 이해를 바탕으로 모듈들을 조합한다.
- 다양한 실험 프로젝트를 할 수 있도록 기본 프로그램을 학습한다.

| 목차 |

7.1. RTC 모듈 실험

- RTC 칩 DS1307을 이용하여 시간을 설정하고, 시간을 유지한다.
- 시간을 외부로 출력한다.
- 콘솔 또는 시리얼 디버깅 창을 이용하여 시간을 확인한다.

7.1.1. 필요 모듈

RTC 모듈 실험을 위해서 그림 7.1과 같이 RCO ADK 메인 모듈과 RTC 온습도 모듈이 필요하다.

- RCO ADK 메인 보드
- RTC 온습도 모듈

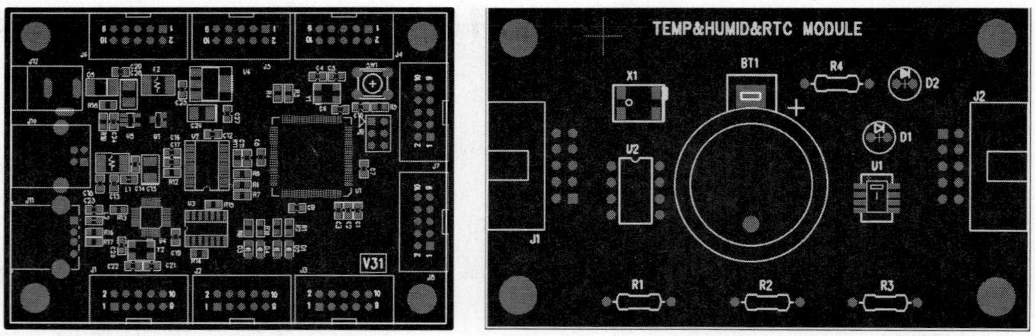

(a) RCO ADK 메인 모듈　　(b) RTC 온습도 모듈

그림 7.1. RTC 온습도 모듈 실험을 위한 필요 모듈

7.1.2. 핀 연결

그림 7.2는 RTC 온습도 모듈 실험을 위한 회로도 및 핀 연결 매핑 테이블을 나타낸 것이다. 메인 보드에 있는 J3과 RTC 온습도 모듈을 10핀 케이블로 연결한다. PIN 20 (SDA)

과 PIN21 (SCL) 두선을 이용하여 RTC 칩 DS1307과 통신한다.

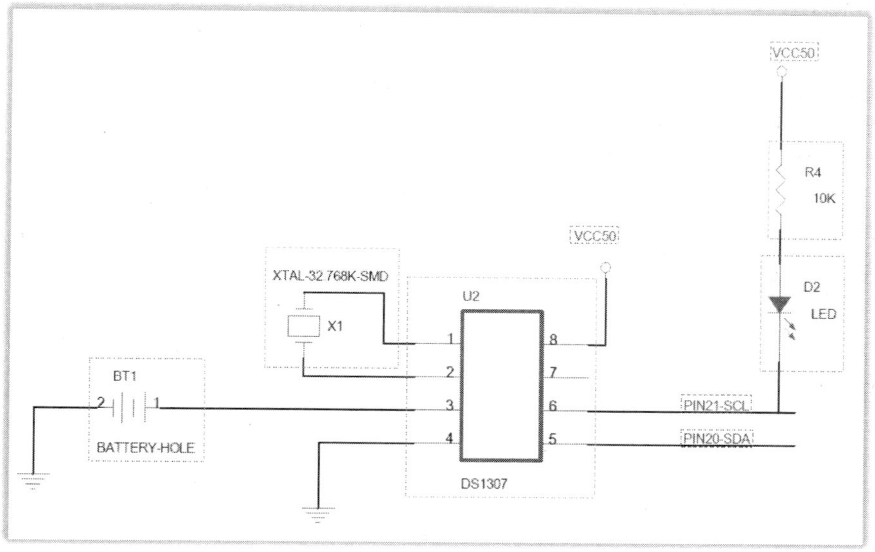

(a) 회로도

J3	1	PIN16	PH1 (TXD2)	
	2	PIN17	PH0 (RXD2)	
	3	PIN18	PD3 (TXD1/INT3)	
	4	PIN19	PD2 (RXDI/INT2)	
	5	PIN20	PD1 (SDA/INT1)	RTC
	6	PIN21	PD0 (SCL/INT0)	RTC
	7	PIN22	PA0 (SDA/INT1)	HUMI
	8	PIN23	PA1 (SCL/INT0)	HUMI
	9	VCC5	VCC5	
	10	GND	GND	

(b) 핀 연결 매핑 테이블

그림 7.2. RTC 온습도 모듈 실험을 위한 회로도 및 핀 연결 매핑 테이블

7.1.3. 테스트 프로그램

그림 7.3은 RTC 온습도 모듈 테스트 프로그램을 나타낸 것이다.

```
#include "Wire.h"

#define DS1307_ADDRESS 0x68

void setup(){
  Wire.begin();
  Serial.begin(9600);
  setDateTime( ); //MUST CONFIGURE IN FUNCTION
}

void loop(){
  printDate();
  delay(1000);
}

void setDateTime(){

  byte second =       45; //0-59
  byte minute =       40; //0-59
  byte hour =         0; //0-23
  byte weekDay =      2; //1-7
  byte monthDay =     11; //1-31
  byte month =        2; //1-12
  byte year  =        15; //0-99

  Wire.beginTransmission(DS1307_ADDRESS);
  Wire.write((byte)0); //stop Oscillator

  Wire.write(decToBcd(second));
  Wire.write(decToBcd(minute));
  Wire.write(decToBcd(hour));
  Wire.write(decToBcd(weekDay));
  Wire.write(decToBcd(monthDay));
  Wire.write(decToBcd(month));
  Wire.write(decToBcd(year));

  Wire.write((byte)0); //start

  Wire.endTransmission();

}

byte decToBcd(byte val){
// Convert normal decimal numbers to binary coded decimal
  return ( (val/10*16) + (val%10) );  // /와 %는 나머지 연산자
}
```

```
byte bcdToDec(byte val)  {
// Convert binary coded decimal to normal decimal numbers
  return ( (val/16*10) + (val%16) );
}

void printDate(){
  // Reset the register pointer
  Wire.beginTransmission(DS1307_ADDRESS);
  Wire.write((byte)0);
  Wire.endTransmission();
  Wire.requestFrom(DS1307_ADDRESS, 7);

  int second = bcdToDec(Wire.read());
  int minute = bcdToDec(Wire.read());
  int hour = bcdToDec(Wire.read() & 0b111111); //24 hour time
  int weekDay = bcdToDec(Wire.read()); //0-6 -> sunday - Saturday
  int monthDay = bcdToDec(Wire.read());
  int month = bcdToDec(Wire.read());
  int year = bcdToDec(Wire.read());

  //print the date EG   2/11/15 23:59:59
  Serial.print(month);
  Serial.print("/");
  Serial.print(monthDay);
  Serial.print("/");
  Serial.print(year);
  Serial.print(" ");
  Serial.print(hour);
  Serial.print(":");
  Serial.print(minute);
  Serial.print(":");
  Serial.println(second);
}
```

그림 7.3. RTC 온습도 모듈 테스트 프로그램

7.1.4. 프로그램 설명

- #include "Wire.h"

  I2C 라이브러리를 사용하기 위해서는 "Wire.h" 파일을 include한다.

- #define DS1307_ADDRESS 0x68

  DS1307 칩 Address를 설정한다. 이 번호는 칩이 가지는 고유의 Address이다.

- Serial.begin(9600);

  시간을 출력할 시리얼 콘솔을 통해 보레이트를 설정한다.

- setDateTime( );

  DS1307 칩에 사용자가 원하는 시간을 설정한다.

- printDate();

  칩으로 시간 전송을 요청하고, 전송된 시간정보를 출력할 수 있는 숫자로 변환하여 시리얼 콘솔을 통하여 시간 정보를 출력한다.

7.1.5. 결과 확인

프로그램을 컴파일하고 업로드한다. 스케치 프로그램 툴 상단 오른 쪽에 있는 시리얼 모니터 아이콘을 선택하고 콘솔 디버깅 창을 연결한다. 그림 7.4와 같이 출력되는 시간을 확인한다.

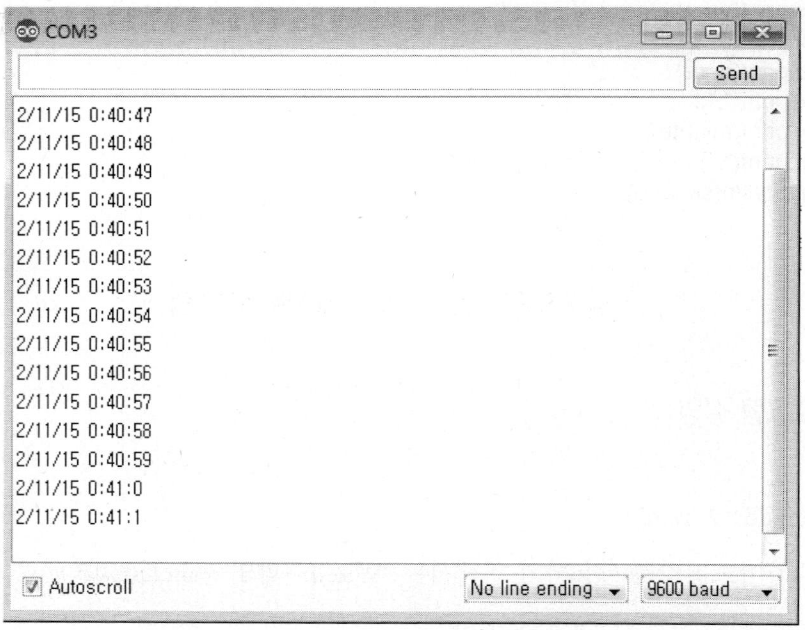

그림 7.4. RTC 온습도 모듈 테스트 결과 창

(실습 7.1) 프로그램을 수정하여 현재 시간을 설정하고, 시간 값을 문자형 LCD에 출력하는 모듈을 구현하시오.

(실습 7.2) RTC 온습도 모듈, 서보 모터 모듈, PWM 모듈, 릴레이 모듈, 7SEGMENT 모듈, 문자형 LCD 모듈, 디지털 IO 모듈, AD 모듈 등을 이용하여 각자 독특한 모듈을 구현하시오.

7.2. 온도 및 습도 모듈 실험

- SHT-11 칩을 이용한 온습도를 구하고, 온습도를 시리얼 콘솔에 출력한다.

7.2.1. 필요 모듈

온도 및 습도 모듈 실험을 위해서 그림 7.5와 같이 RCO ADK 메인 모듈과 RTC 온습도 모듈이 필요하다.

- RCO ADK 메인 보드
- RTC 온습도 모듈

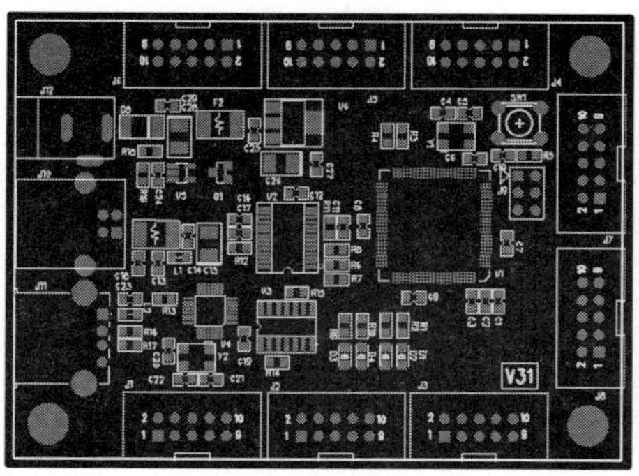

(a) RCO ADK 메인 모듈

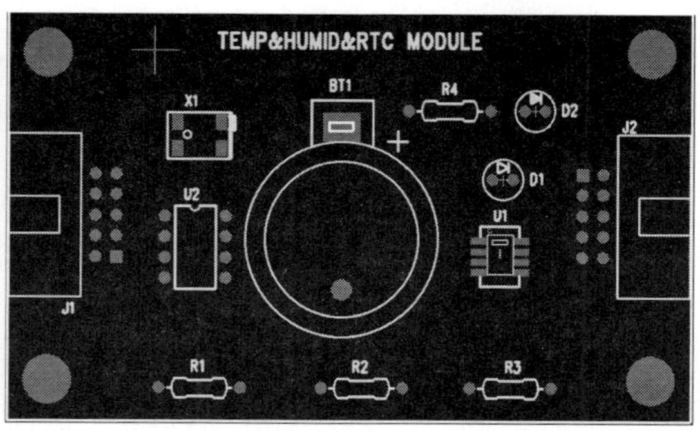

(b) RTC 온습도 모듈

그림 7.5. 온도 및 습도 모듈 실험을 위한 필요 모듈

7.2.2. 핀 연결

그림 7.6은 온도 및 습도 모듈 실험을 위한 회로도 및 핀 연결 매핑 테이블을 나타낸 것이다. 메인 보드에 있는 J3과 RTC 온습도 모듈을 10핀 케이블로 연결한다. PIN22 (DATA) 및 PIN23 (SCL) 두선을 이용하여, 온도 및 습도 칩 SHT-11과 통신한다.

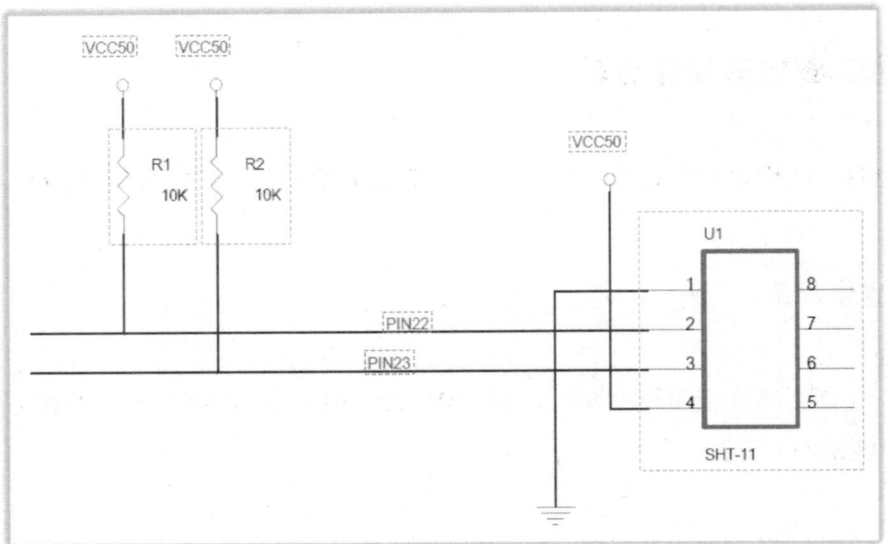

(a) 회로도

J3	1	PIN16	PH1 (TXD2)	
	2	PIN17	PH0 (RXD2)	
	3	PIN18	PD3 (TXD1/INT3)	
	4	PIN19	PD2 (RXDI/INT2)	
	5	PIN20	PD1 (SDA/INT1)	RTC
	6	PIN21	PD0 (SCL/INT0)	RTC
	7	PIN22	PA0 (SDA/INT1)	HUMI
	8	PIN23	PA1 (SCL/INT0)	HUMI
	9	VCC5	VCC5	
	10	GND	GND	

(b) 핀 연결 매핑 테이블

그림 7.6. 온도 및 습도 모듈 실험을 위한 회로도 및 핀 연결 매핑 테이블

7.2.3. 테스트 프로그램

그림 7.7은 온도 및 습도 모듈 테스트 프로그램을 나타낸 것이다.

```
/*
 * ReadSHT1xValues
 *
 * Read temperature and humidity values from an SHT1x-series (SHT10,
 * SHT11, SHT15) sensor.
 *
 * Copyright 2009 Jonathan Oxer <jon@oxer.com.au>
 * www.practicalarduino.com
 */

#include <SHT1x.h>

// Specify data and clock connections and instantiate SHT1x object
#define dataPin 22
#define clockPin 23
SHT1x sht1x(dataPin, clockPin);

void setup()
{
   Serial.begin(9600); // Open serial connection to report values to host
   Serial.println("Starting up");
}

void loop()
{
  float temp_c;
  float temp_f;
  float humidity;

  // Read values from the sensor
  temp_c = sht1x.readTemperatureC();
  temp_f = sht1x.readTemperatureF();
  humidity = sht1x.readHumidity();

  // Print the values to the serial port
  Serial.print("Temperature: ");
  Serial.print(temp_c, DEC);
  Serial.print("C / ");
  Serial.print(temp_f, DEC);
  Serial.print("F. Humidity: ");
```

```
    Serial.print(humidity);
    Serial.println("%");

    delay(2000);
}
```

그림 7.7. 온도 및 습도 모듈 테스트 프로그램

(1) 라이브러리 객체 삽입

그림 7.7에서 언급한 온습도 스케치 프로그램은 컴파일 시 그림 7.8과 같이 에러가 발생한다. 이유는 아두이노에서 제공하는 기본적인 라이브러리에 SHT1x 라이브러리 객체가 포함되어 있지 않기 때문이다.

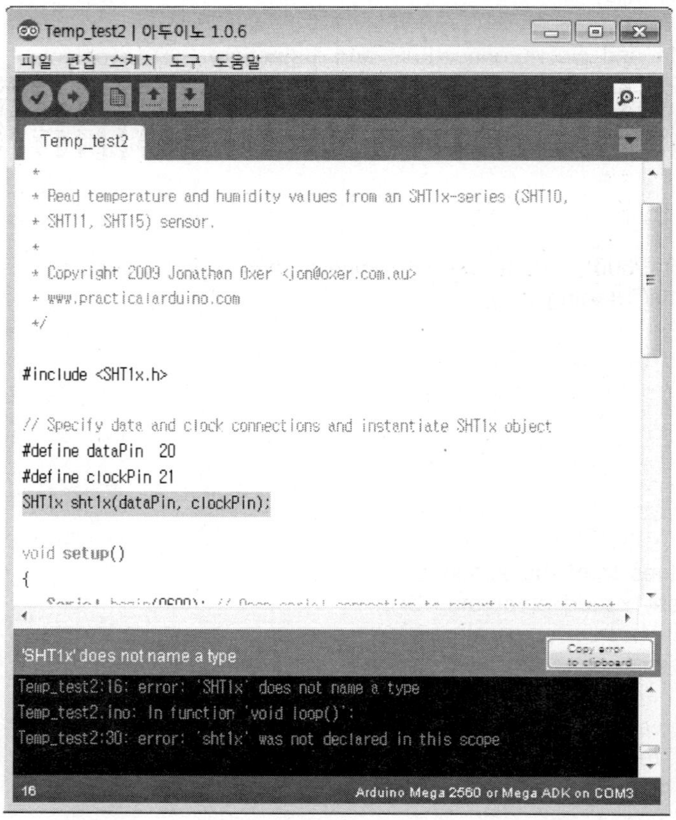

그림 7.8. 온습도 스케치 프로그램 컴파일 에러

이 경우는 라이브러리를 그림 7.9와 같은 아두이노 개발환경 디렉토리에 직접 넣어 주어야 한다. 라이브러리 객체를 넣는 디렉토리는 다음과 같다.

- C:\Arduino\libraries

여기에는 기존에 스케치 프로그램에서 사용했던 라이브러리 객체가 존재하며, 이 디렉토리에 사용자가 필요한 라이브러리 객체를 추가하면 된다. 라이브러리 객체 파일의 구성은 2개의 파일로 되어 있으며, 2개의 파일을 해당 디렉토리에 설치될 객체의 헤드 파일 이름과 동일한 SHT1x라는 디렉토리를 그림 7.9와 같이 만들고, 제공되는 추가 라이브러리 파일 중 해당 파일들을 그 곳에 복사한다.

- 라이브러리 헤드 파일: 객체에 대한 정의 (SHT1x.h)
- 라이브러리 객체 구현 파일: 객체에 대한 실행 코드 (SHT1x.cpp)

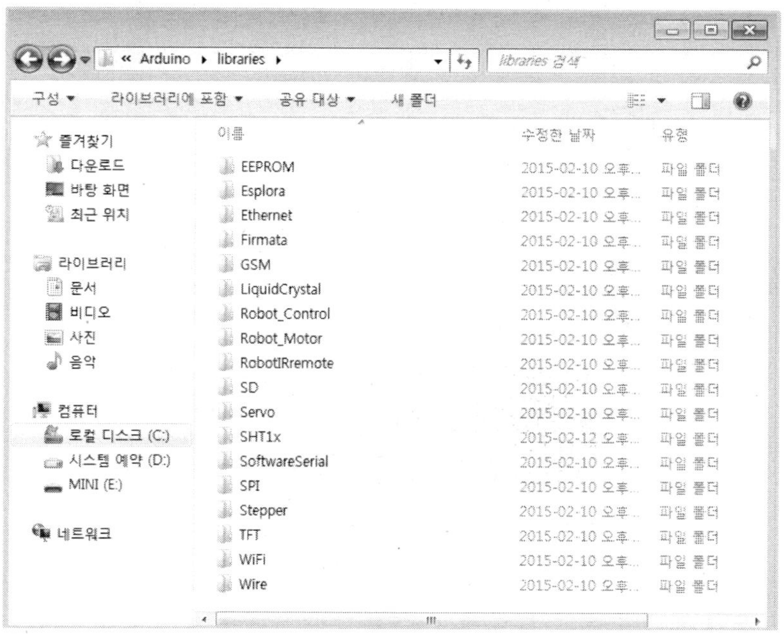

그림 7.9. 아두이노 개발환경 디렉토리 및 SHT1x디렉토리 생성

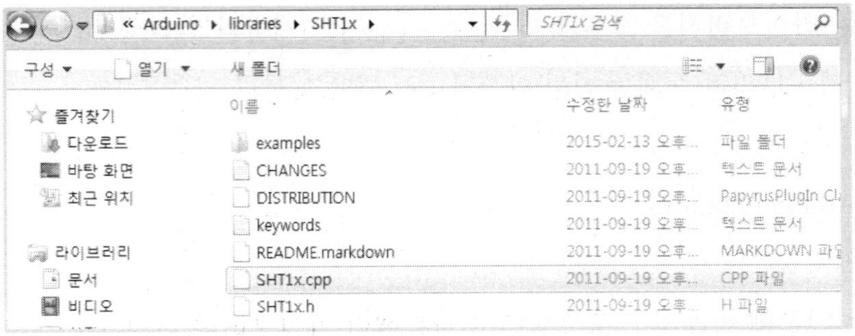

그림 7.10. SHT1x디렉토리 및 파일 생성

스케치 프로그램을 닫고 다시 아두이노 실행 파일을 다시 연다. 그림 7.11과 같이SHT1x 라이브러리가 생성되어 있음을 확인한다.

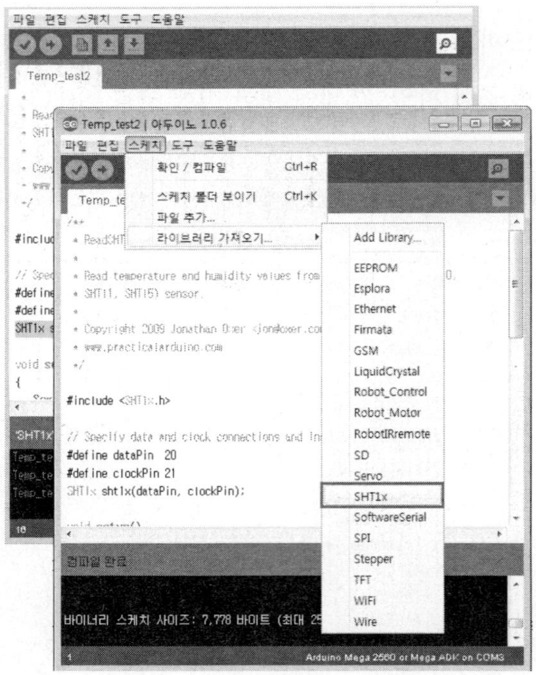

그림 7.11. SHT1x 라이브러리 생성 확인

다시 그림 7.7의 프로그램을 연다. 그림 7.7에서 언급한 온습도 스케치 프로그램은 지금은 SHT1x 라이브러리 객체가 포함되어 있기 때문에 에러가 발생하지 않는다.

7.2.4. 프로그램 설명

- #include <SHT1x.h>

  SHTx 객체를 사용하기 위해서 객체를 정의한 헤드 파일을 스케치 프로그램에 포함한다.
- SHT1x sht1x(dataPin, clockPin);

  프로그램에서 사용하기 위한 SHT1x 객체형태의 객체를 sht1x라는 이름으로 생성한다. 파라미터는 아두이노 메인 보드와 연결된 핀에 대한 정보를 입력한다. 현재 20과 21핀을 사용한다.
- temp_c = sht1x.readTemperatureC( );

  칩으로부터 섭씨 온도를 읽어온다.
- temp_f = sht1x.readTemperatureF( );

  칩으로부터 화씨 온도를 읽어온다.
- humidity = sht1x.readHumidity();

  칩으로부터 습도를 읽어온다.
- 참고

  화씨(°F) = (섭씨×9/5) + 32

  섭씨(°C) = (화씨-32)×5/9

7.2.5. 결과 확인

프로그램을 컴파일하고 업로드한다. 스케치 프로그램 툴 상단 오른 쪽에 있는 시리얼 모니터 아이콘을 선택하고 콘솔 디버깅 창을 연결한다. 그림 7.12(b)와 같이 현재 온도 및 습도가 출력된다. 그림 7.12(a)와 같이 보드의 STH11 칩에 손을 대거나 입으로 바람을 불면, 그림 7.12(c)와 같이 손의 온도와 습도가 전달되어 값이 현재 온도 및 습도가 변함을 확인할 수 있다.

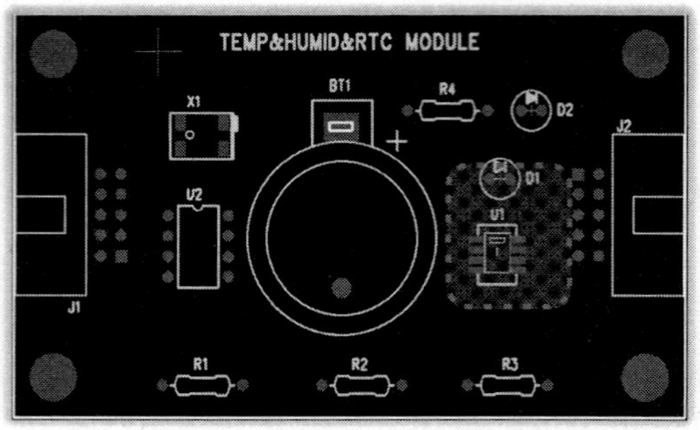

(a) 온도 및 습도 모듈

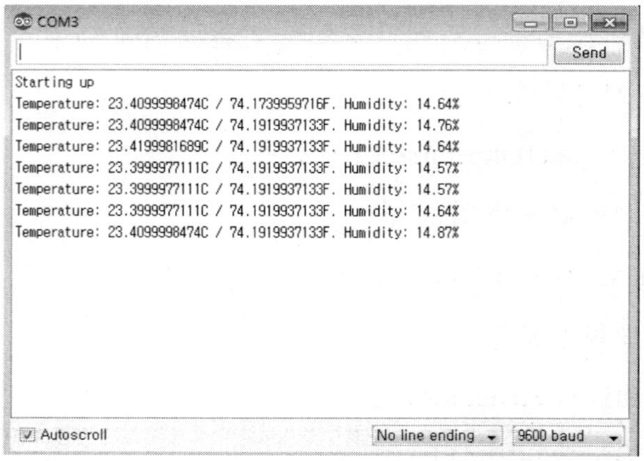

(b) 현재 온도 및 습도

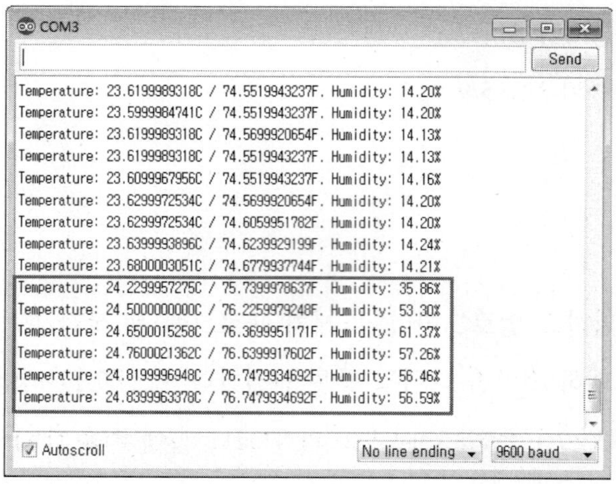

(c) 온도 및 습도 변화 창

7.12. 온도 및 습도 모듈 결과 확인

(**실습** 7.3) 프로그램을 수정하여 온도 및 습도를 문자형 LCD에 출력하는 모듈을 구현하시오.

(**실습** 7.4) 온도 및 습도 모듈, RTC 온습도 모듈, 서보 모터 모듈, PWM 모듈, 릴레이 모듈, 7SEGMENT 모듈, 문자형 LCD 모듈, 디지털 IO 모듈, AD 모듈 등을 이용하여 각자 독특한 모듈을 구현하시오.

7.3. ULTRA-SONIC 모듈 실험

- 초음파 모듈을 이용하여 거리를 측정하는 실험을 한다.

7.3.1. 필요 모듈

초음파 모듈 실험을 위해서 그림 7.12와 같이 RCO ADK 메인 모듈과 ULTRA-SONIC 모듈이 필요하다.

- RCO ADK 메인 보드
- ULTRA-SONIC 모듈

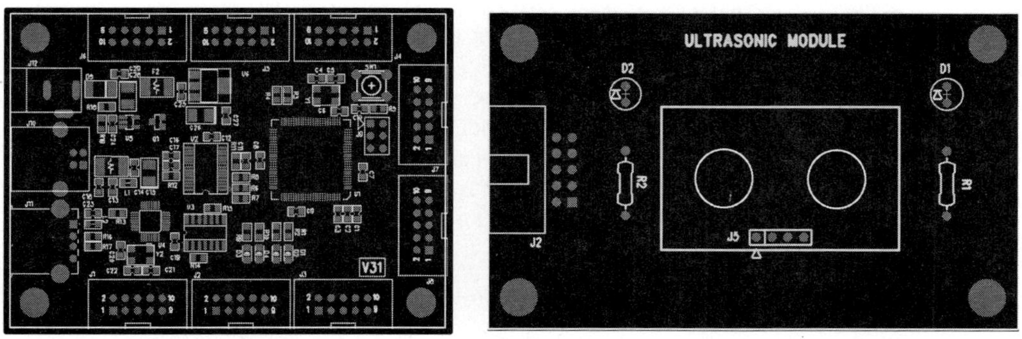

(a) RCO ADK 메인 모듈 (b) ULTRA-SONIC 모듈

그림 7.12. ULTRA-SONIC 모듈 실험을 위한 필요 모듈

7.3.2. 핀 연결

그림 7.13은 ULTRA-SONIC 모듈 실험을 위한 회로도 및 핀 연결 매핑 테이블을 나타낸 것이다. 메인 보드에 있는 J2와 ULTRA-SONIC 모듈을 10핀 케이블로 연결한다. 보드와 서브 모듈 간에는 PIN15로써 TX와 RX를 동시에 사용한다.

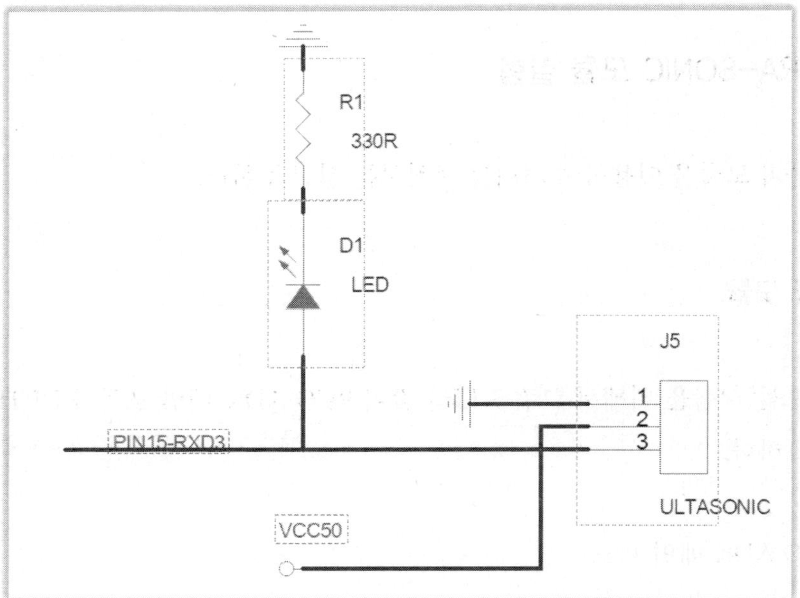

(a) 회로도

J2	1	PIN8	PH5 (OC4C)	
	2	PIN9	PH6 (OC2B)	
	3	PIN10	PB4 (OC2A/PCINT4)	
	4	PIN11	PB5 (OC1A/PCINT5)	
	5	PIN12	PB6 (OC1B/PCINT6)	
	6	PIN13	PB7 (OC0A/OC1C/PCINT7)	
	7	PIN14	PJ1 (TXD3/PCINT10)	
	8	PIN15	PJ0 (RXD3/PCINT9)	ULTRASONIC
	9	VCC5	VCC5	
	10	GND	GND	

(b) 핀 연결 매핑 테이블

그림 7.13. ULTRA-SONIC 모듈 실험을 위한 회로도 및 핀 연결 매핑 테이블

7.3.3. 테스트 프로그램

그림 7.14는 ULTRA-SONIC 모듈 테스트 프로그램을 나타낸 것이다.

```
int cnt;
int dummcnt;
long Distance;  // long: 32비트 데이터 표현
long Tempture;
unsigned long duration;
int pin = 15;
void setup() {
     Serial.begin(9600);

     Tempture = 25;

     pinMode(pin,OUTPUT);
     digitalWrite(pin, LOW);
     cnt = 0;
}

void loop() {
     delay(1000);
     pinMode(pin,OUTPUT);

     digitalWrite(15,HIGH);
     delayMicroseconds(10);
     digitalWrite(15,LOW);

     pinMode(pin,INPUT);
     duration = pulseIn(pin, HIGH);

     Distance = (331.5 + 0.607 * Tempture) * ( duration * 0.001 / 2 );
     Serial.print("value = ");
     Serial.println(Distance, DEC);

}
```

그림 7.14. ULTRA-SONIC 모듈 테스트 프로그램

7.3.4. 프로그램 설명

- pinMode(pin,OUTPUT);

  15번 핀을 출력으로 설정한다.

- digitalWrite(15,HIGH);

  delayMicroseconds(10);

  digitalWrite(15,LOW);

  15번 핀에 10micro second pulse를 출력한다.

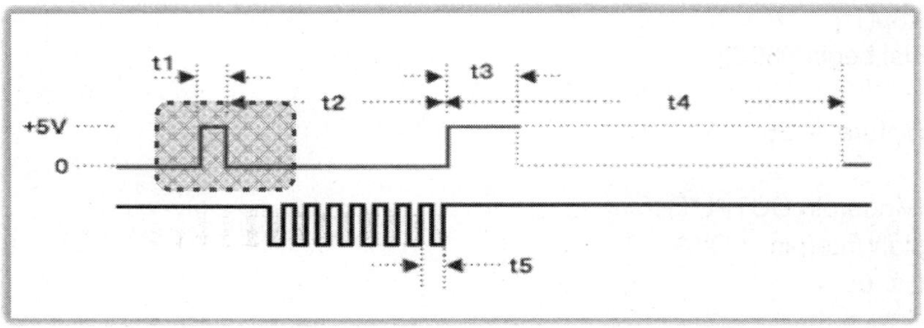

그림 7.15. 입출력 펄스 타이밍 도

- pinMode(pin,INPUT);

  15번 핀을 입력 모드로 변경한다.

- duration = pulseIn(pin, HIGH);

  입력되는 펄스를 기다린다. 입력되는 펄스가 있을 경우, 그 값을 Return한다.

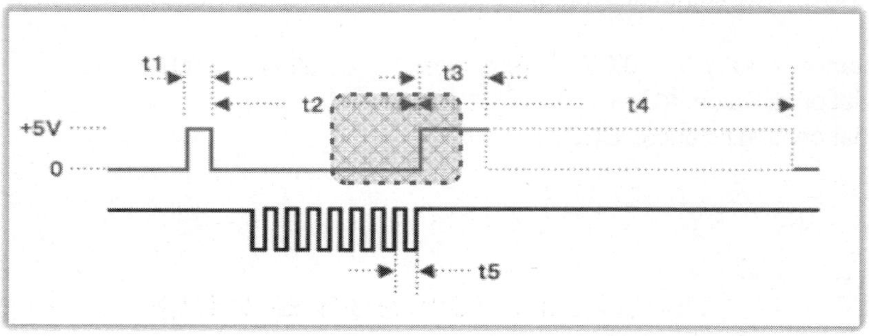

그림 7.16. 수정한 입출력 펄스 타이밍 도

- Distance = (331.5 + 0.607 * Tempture) * (duration * 0.001 / 2)
펄스가 입력된 값을 받아서, 물체에 초음파가 반사되어 온 거리를 계산한다.

	MCU I/O	PARAMETER	SYMBOL	MIN.	TYP.	MAX.	UNIT
	Input	Input trigger pulse	t1	-	5	-	μs
	Output	Echo postpone	t2	500	-	520	μs
		Output return pulse MIN.	t3	110	-	140	μs
		Output return pulse MAX.	t4	1.90	-	1.90	ms
	-	Burst pulse cycle	t5	-	25	-	μs

7.3.5. 결과 확인

프로그램을 컴파일하고 업로드한다. 초음파 센서 앞에 공책과 같은 물체로 앞을 막고, 거리를 시리얼 콘솔로 그림 7.17과 같은 결과를 확인한다. 초음파 센서 앞에 물체가 없으면 value = 2175정도의 큰 값을 나타내고 물체를 가까이 하면 값이 낮아진다.

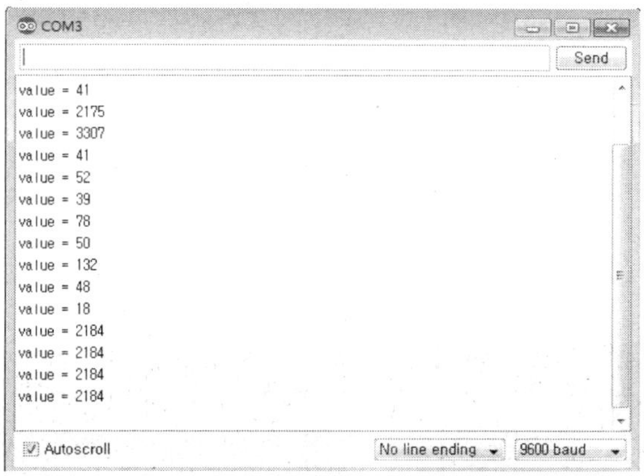

그림 7.17. 결과 확인

(실습 7.5) 초음파 센서를 이용하여 물체가 앞에 있다고 인지되는 경우, 7SEGMENT를 이용하여 물체의 거리를 출력하고, BEEP 모듈을 이용하여 소리를 발생시키는 모듈을 구현하시오 (이 경우 7SEGMENT 모듈과 BEEP 모듈 모두 J2를 사용해야 되기 때문에 BEEP 모듈을 J5에 열결하고 J5에 맞게 핀 설정).

(실습 7.6) 초음파 모듈, 온도 및 습도 모듈, RTC 온습도 모듈, 서보 모터 모듈, PWM 모듈, 릴레이 모듈, 7SEGMENT 모듈, 문자형 LCD 모듈, 디지털 IO 모듈, AD 모듈 등을 이용하여 각자 독특한 모듈을 구현하시오.

7.4. MOTOR 모듈 실험

- DC Motor를 구동하는 프로그램을 작성한다.
- Motor 모듈은 2개의 DC Motor를 구동할 수 있도록 지원한다.
- 모터 모듈을 이용하여 자동차와 같은 구동체를 구현할 수 있다.

7.4.1. 필요 모듈

DC Motor 모듈 실험을 위해서 그림 7.18과 같이 RCO ADK 메인 모듈과 DC Motor 모듈이 필요하다.

- RCO ADK 메인 보드
- DC Motor 모듈

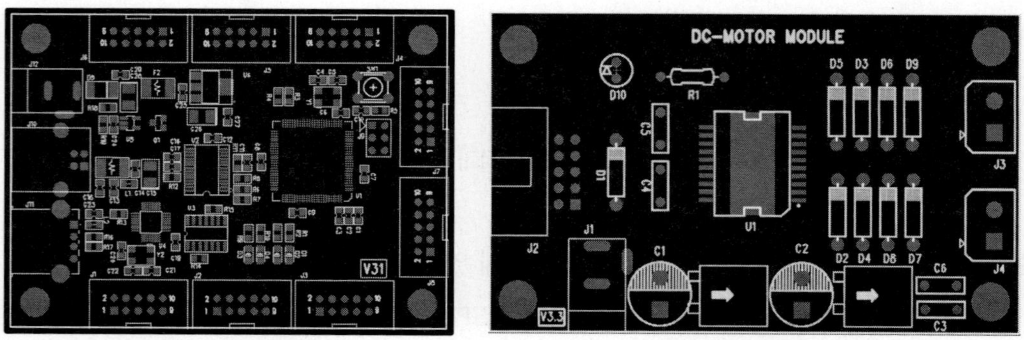

(a) RCO ADK 메인 모듈 (b) DC Motor 모듈

그림 7.18. DC Motor 모듈 실험을 위한 필요 모듈

7.4.2. 핀 연결

그림 7.19는 DC Motor 모듈 실험을 위한 회로도 및 핀 연결 매핑 테이블을 나타낸 것이다. 메인 보드에 있는 J1과 DC Motor 모듈을 10핀 케이블로 연결한다. Motor 모듈은 PIN2 ~ PIN7까지 6개의 핀을 사용한다.

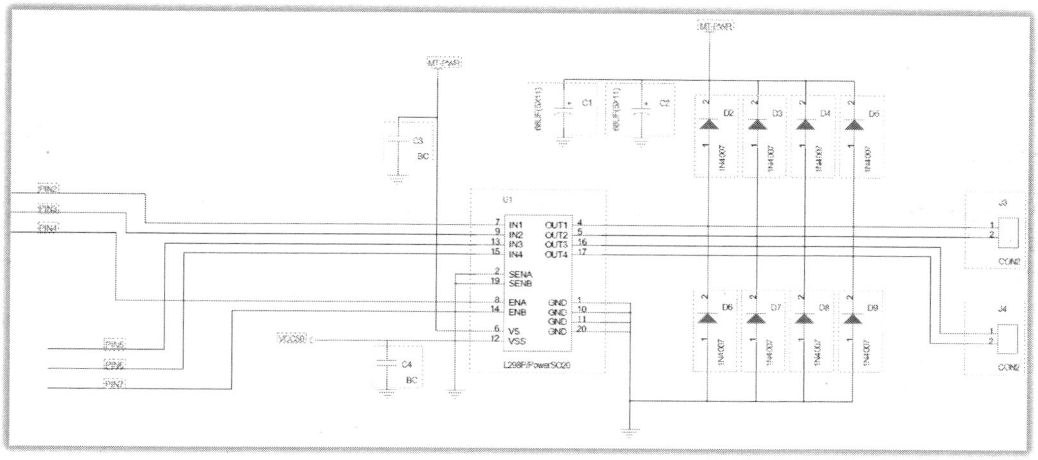

(a) 회로도

CON NO	PIN	ARD PIN	CPU PIN	DIO MD
J1	1	PIN0	PE0 (RXD0/PCINT8)	
	2	PIN1	PE1 (TXD0)	
	3	PIN2	PE4 (OC3B/INT4)	MOT1-DIR1
	4	PIN3	PE5 (OC3C/INT5)	MOT1-DIR2
	5	PIN4	PG5 (OC0B)	MOT1-PWM
	6	PIN5	PE3 (OC3A/AIN1)	MOT2-DIR1
	7	PIN6	PH3 (OC4A)	MOT2-DIR2
	8	PIN7	PH4 (OC4B)	MOT2-PWM
	9	VCC5	VCC5	
	10	GND	GND	

(b) 핀 연결 매핑 테이블

그림 7.19. DC Motor 모듈 실험을 위한 회로도 및 핀 연결 매핑 테이블

7.4.3. 테스트 프로그램

그림 7.20은 DC Motor 모듈 테스트 프로그램을 나타낸 것이다.

```
#define MOT1DIR1       2
#define MOT1DIR2       3
#define MOT1PWM        4

#define MOT2DIR1       5
#define MOT2DIR2       6
#define MOT2PWM        7

void setup() {

    // initialize the digital pin as an output.
    pinMode(MOT1DIR1, OUTPUT);
    pinMode(MOT1DIR2, OUTPUT);
    pinMode(MOT1PWM, OUTPUT);

    pinMode(MOT2DIR1, OUTPUT);
    pinMode(MOT2DIR2, OUTPUT);
    pinMode(MOT2PWM, OUTPUT);

    digitalWrite(MOT1DIR1, HIGH);
    digitalWrite(MOT1DIR2, HIGH);

    digitalWrite(MOT2DIR1, HIGH);
    digitalWrite(MOT2DIR2, HIGH);

}
void loop() {

    pinMode(MOT2PWM, OUTPUT);
    pinMode(MOT1PWM, OUTPUT);

    delay(10);              // wait for a second

    pinMode(MOT2PWM, OUTPUT);
    pinMode(MOT1PWM, OUTPUT);

    delay(10);              // wait for a second

}
```

그림 7.20. DC Motor 모듈 테스트 프로그램

7.4.4. 프로그램 설명

- #define MOT1DIR1 2
  #define MOT1DIR2 3
  #define MOT1PWM 4
  2번 핀과 3번 핀은 방향을 결정하고, 4번 핀은 1번 모터 Enable 신호이다.

- #define MOT2DIR1 5
  #define MOT2DIR2 6
  #define MOT2PWM 7
  5번 핀과 6번 핀은 방향을 결정하고, 7번 핀은 2번 모터 Enable 신호이다.
  15번 핀을 출력으로 설정한다.

Enable 신호를 PWM 형식으로 출력하면 DC 모터의 속도를 조절할 수 있다.

Inputs		Function
V_{en} = H	C = H ; D = L	Forward
	C = L ; D = H	Reverse
	C = D	Fast Motor Stop
V_{en} = L	C = X ; D = X	Free Running Motor Stop

L = Low H = High X = Don't care

7.4.5. 결과 확인

프로그램을 컴파일하고 업로드한다. 그림 7.21(a)와 같이 단자에 모터를 구동하기 위한 외부 전원을 인가한다. 그림 7.21(b)의 DC 모터를 연결하고, 모터의 동작 상태를 확인한다.

(a) 외부 전원

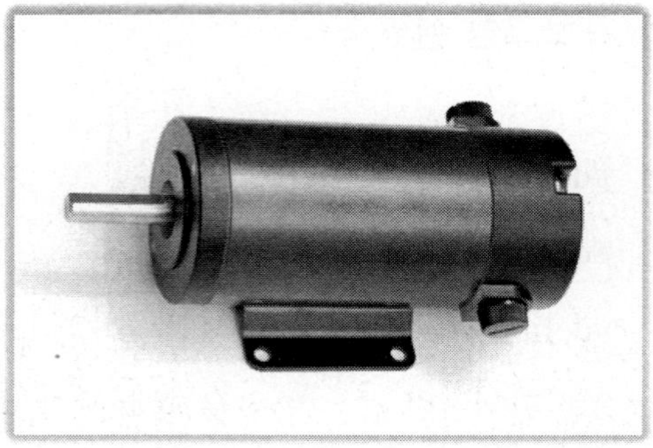

(b) DC 모터

그림 7.21. 외부 전원 및 DC 모터

(실습 7.7) 모터의 프로그램을 수정하여, DC 모터의 회전 속도를 조절할 수 있도록 구성한다. 시리얼 콘솔로부터 속도를 받아서 모터를 역방향, 정방향 및 속도를 조절할 수 있도록 프로그램을 구현하시오.

7.5. Bluetooth 모듈 실험

- Bluetooth 모듈을 이용하여 아두이노 장비와 컴퓨터 간 통신 실험을 한다.
- 무선을 통하여 데이터를 주고 받음으로써 원격 제어할 수 있는 기본 기술을 학습한다.

7.5.1. 필요 모듈

Bluetooth 모듈 실험을 위해서 그림 7.22와 같이 RCO ADK 메인 모듈과 Bluetooth & Zigbee 모듈이 필요하다.

- RCO ADK 메인 보드
- Bluetooth & Zigbee 모듈

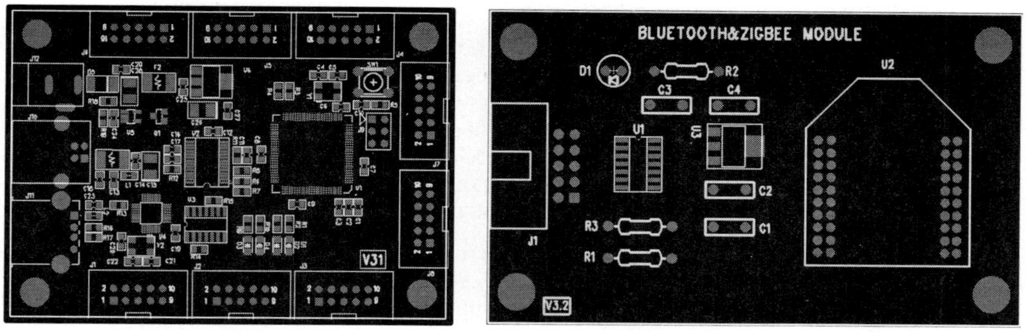

(a) RCO ADK 메인 모듈　　　　(b) Bluetooth & Zigbee 모듈

그림 7.22. Bluetooth & Zigbee 모듈 실험을 위한 필요 모듈

7.5.2. 핀 연결

그림 7.23은 Bluetooth & Zigbee 모듈 실험을 위한 회로도 및 핀 연결 매핑 테이블을 나타낸 것이다. 메인 보드에 있는 J2와 Bluetooth & Zigbee 모듈을 10핀 케이블로 연결한다. PIN8은 Bluetooth 모듈을 RESET용으로 사용한다. PIN14 및 PIN15는 아두이노 시리얼 3번으로 사용할 수 있다. 이 핀들을 블루투스 모듈 TX 및 RX로 서로 TX-RX 크로스 연결을 한다.

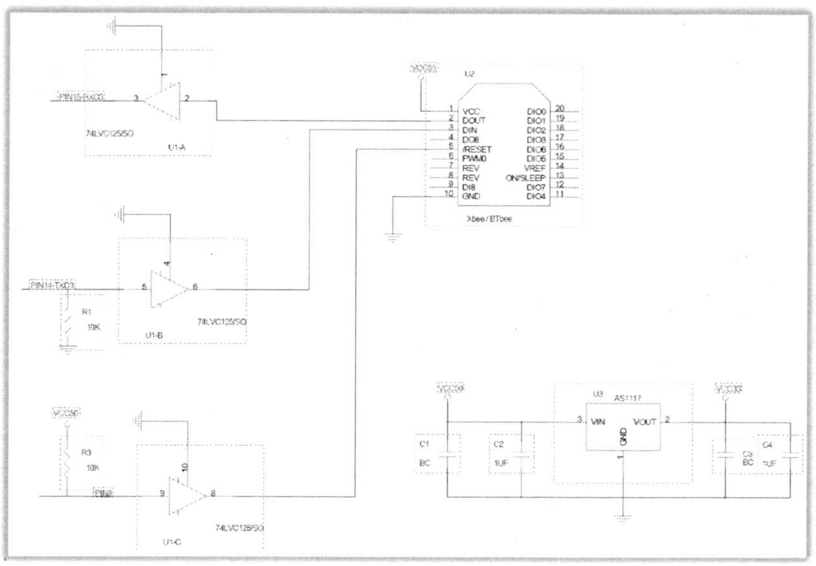

(a) 회로도

J2	1	PIN8	PH5 (OC4C)	BTBee-RESET
	2	PIN9	PH6 (OC2B)	
	3	PIN10	PB4 (OC2A/PCINT4)	
	4	PIN11	PB5 (OC1A/PCINT5)	
	5	PIN12	PB6 (OC1B/PCINT6)	
	6	PIN13	PB7 (OC0A/OC1C/PCINT7)	
	7	PIN14	PJ1 (TXD3/PCINT10)	BTBee-RX
	8	PIN15	PJ0 (RXD3/PCINT9)	BTBee-TX
	9	VCC5	VCC5	
	10	GND	GND	

(b) 핀 연결 매핑 테이블

그림 7.23. Bluetooth & Zigbee 모듈 실험을 위한 회로도 및 핀 연결 매핑 테이블

7.5.3. 테스트 프로그램

그림 7.24는 Bluetooth & Zigbee 모듈 테스트 프로그램을 나타낸 것이다.

```
int incomingByte;

void setup()
{
    // set the data rate for the SoftwareSerial port
    Serial.begin(9600);
    Serial.println("Bluetooth Connection Test");
    Serial.println("Send Data By Serial Teminal");

    Serial3.begin(9600);

    digitalWrite(8, HIGH);

}

void loop() {

    if(Serial3.available() > 0  )
    {
        incomingByte = Serial3.read();

        //echo the data by bluetooth
        Serial3.print("Recv d: ");
        Serial3.println(incomingByte+1, DEC);
    }
}
```

그림 7.24. Bluetooth & Zigbee 모듈 테스트 프로그램

7.5.4. 프로그램 설명

- Serial3.begin(9600);

  시리얼 3번을 통신용으로 설정한다. PIN14 및 PIN15를 시리얼 통신용으로 사용한다.

- digitalWrite(8, HIGH);

  블루투스 RESET 핀을 HIGH로 설정한다.

- Serial3.available( )

  시리얼 3으로부터 읽을 문자가 도착하면 1을 Return하고, if 문장 안에 있는 스케치 코드를 실행한다.

- Serial3.println(incomingByte+1, DEC);

  읽은 문자에 1을 더해서 다시 시리얼로 돌려준다.

7.5.5. 결과 확인

프로그램을 컴파일하고 업로드한다. 블루투스 모듈과 통신을 하기 위해서는 블루투스 모듈과 PC 간의 시리얼 통신을 설정해야 한다. 다음 과정을 따라서 컴퓨터 블루투스 시리얼을 설정한다.

(1) 블루소레일(BlueSoleil) 프로그램 설치

IVT BlueSoleil은 Bluetooth 사용이 가능한 데스크톱이나 노트북 PC를 Bluetooth 사용이 가능한 장치에 무선으로 연결할 수 있게 하는 IVT의 Windows 기반 소프트웨어이다. IVT BlueSoleil은 MS Windows 사용자가 카메라, 이동 전화, 헤드세트, 프린터, GPS 수신기 등 다양한 Bluetooth가 탑재된 디지털 장치에 무선으로 액세스 할 수 있게 한다. 또한, 다른 Bluetooth 사용이 가능한 컴퓨터나 PDA와 네트워크를 만들고 데이터를 교환할 수 있게 한다.

① 아래 웹사이트로 이동

http://www.windows7download.com/win7-bluesoleil/download-uvfjwugt.html

② 그림 7.25와 같이 윈도우 7용 BlueSoleil 드라이버를 다운로드

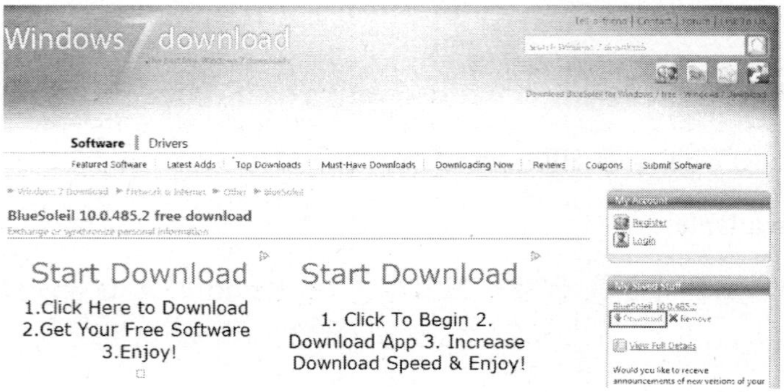

그림 7.25. 윈도우 7용 BlueSoleil 드라이버 다운로드

③ 압축파일 해제 및 프로그램 설치

④ USB Bluetooth Dongle (블루투스 동글)을 삽입한다.

(2) 생성된 단축아이콘 더블 클릭 후 블루소레일 프로그램 실행 (그림 7.26)

그림 7.26. 블루소레일 프로그램 실행

(3) 아두이노 보드와 연결된 BTBee Module 검색 (그림 7.27)

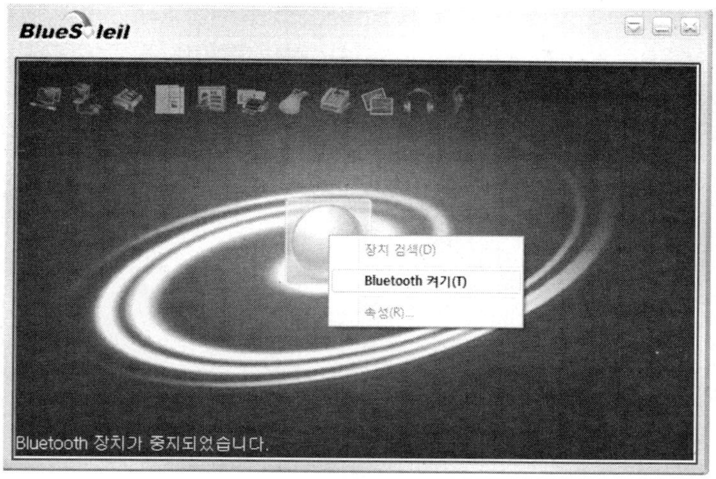

그림 7.27. 아두이노 보드와 연결된 BTBee Module 검색

(4) BTBee Module (itead) 검색완료 (그림 7.28)

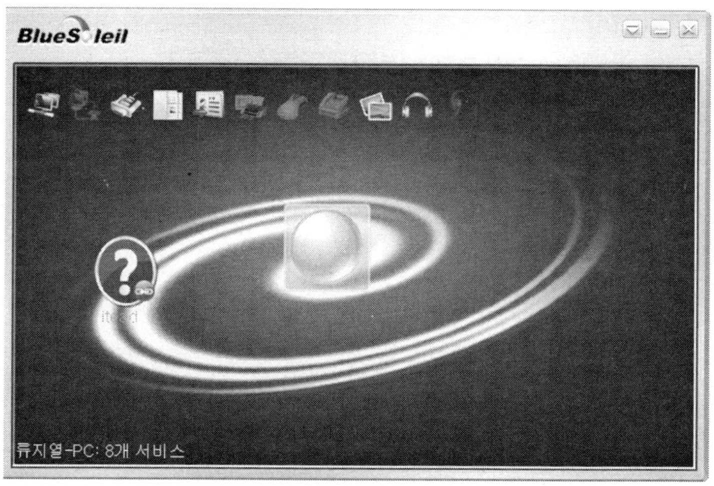

그림 7.28. BTBee Module 검색완료

(5) BTBee Module 페어링 시도 (그림 7.29)

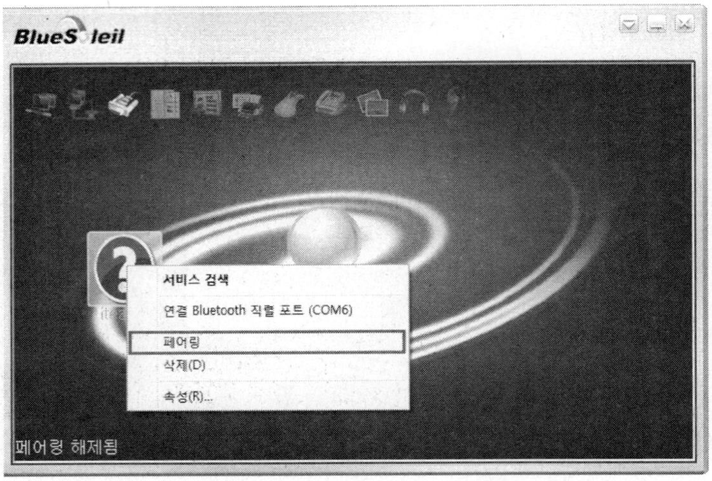

그림 7.29. BTBee Module 페어링 시도

(6) BTBee Module 페어링 키 (1234) 입력 (그림 7.30)

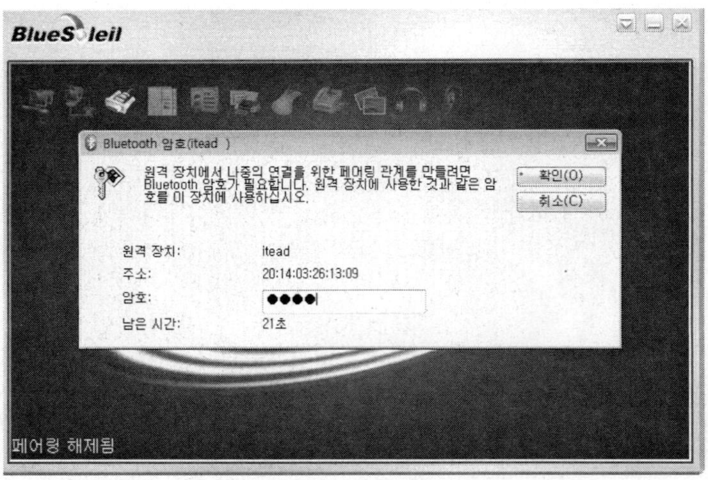

그림 7.30. BTBee Module 페어링 키 입력

(7) BTBee Module 연결 및 직렬 포트 인식 (여기서는 COM6 ((Bluetooth 포트) 인식.)
(그림 7.31)

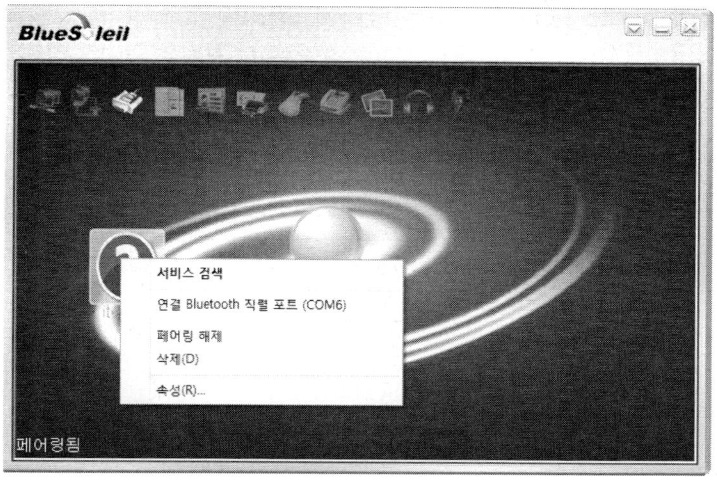

그림 7.31. BTBee Module 연결

(8) BTBee Module 연결 상태 라인 표시 (그림 7.32)

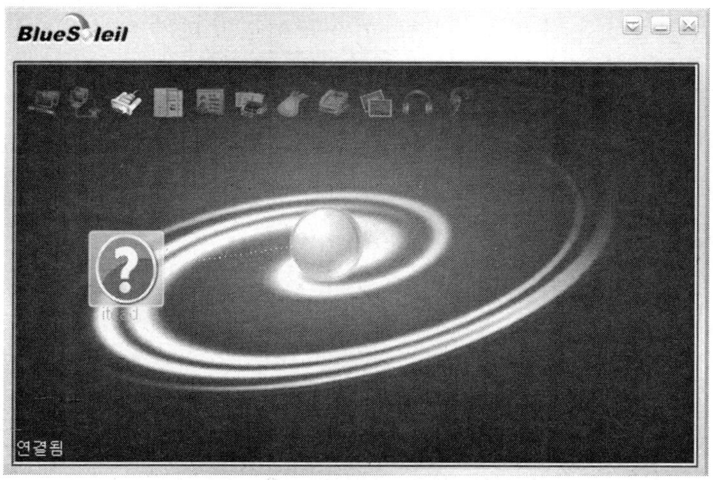

그림 7.32. BTBee Module 연결 상태 라인 표시

(9) 그림 7.33과 같은 PuTTY 시리얼 프로그램(웹을 통해 다운받거나 제공한 프로그램 활용)을 실행한 후 그림 7.33과 같이 Connection type은 “Serial”로 선택하고, Serial line에 “COM6”를 입력한다. “Enter” 키를 누른다 (Bluetooth 포트와 PuTTY 시리얼 포트가 일치해야 하고, USB 포트와는 달라야 함).

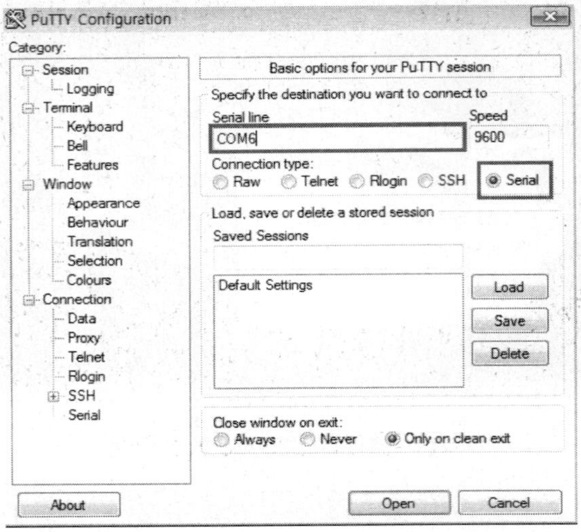

그림 7.33. PuTTY 시리얼 프로그램 설정

(10) 화면에 값을 입력(특정 키를 누름)하면 아두이노 보드가 받아서 1이 증가한 값을 되돌려 준다.

그림 7.34. PuTTY 시리얼 프로그램 실행 화면

(실습 7.8) 디지털 IO 모듈을 추가로 연결하여 LED4가 점등된 상태에서 "A" 키를 누를 때마다 LED4를 점등 소등을 반복하는 프로그램을 작성하시오.

Chapter 08

인터럽트 실습

| 학습목표 |

- RCO ADK 키트에서 제공하는 아두이노 인터럽트 실험을 한다.
- 마이크로 프로세서가 프로그램 수행 중에 불특정 시간에 외부로부터 신호를 받을 수 있는 인터럽트 방법을 이해한다.
- 인터럽트를 이용하여 외부로부터 입력을 받으면 해당 입력에 대하여 처리를 하는 프로그램을 작성한다.

| 목차 |

8.1. 인터럽트의 개념

CPU 내부의 하드웨어적인 요구에 의해서 정상적인 프로그램의 실행 순서를 변경하여 보다 시급한 작업을 먼저 수행한 후에 다시 원래의 프로그램으로 복귀하는 것을 인터럽트 (interrupt, 가로채기)라고 한다. 그림 8.1은 인터럽트 발생 시 메인 프로그램 상태를 간략히 나타낸 것이다. 이것은 흔히 우리가 책을 읽고 있는 도중에 전화가 와서 읽던 책의 페이지에 책갈피를 끼워 표시해두고 전화를 받은 다음에 표시해 두었던 페이지를 다시 찾아 책을 계속 읽어가는 경우에 비유될 수 있다.

인터럽트는 주변 장치의 서비스 요청에 CPU가 가장 빠르게 대응할 수 있는 방법이며, 이것을 이용하면 주변 장치로부터의 발생 시기를 예측하기 어려운 비동기적인 일 (Event, 사건)을 CPU가 빠르게 처리할 수 있어서 인터럽트는 서로 비동기적으로 동작하는 CPU와 주변장치 사이에 효율적으로 일을 수행하는 중요한 수단이 된다.

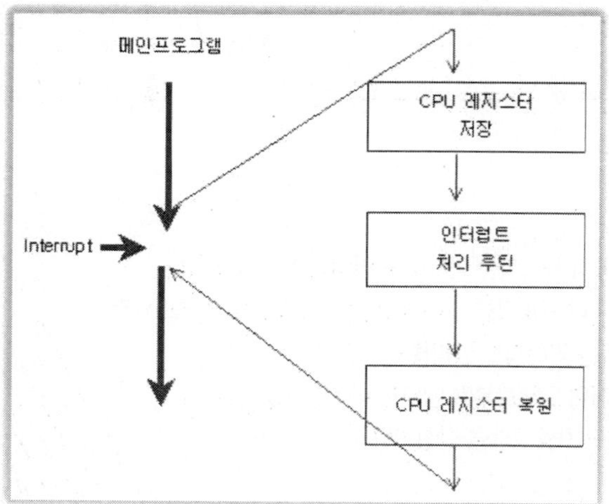

그림 8.1. 인터럽트 상태

(1) 인터럽트 사용 가능 핀

RCO ADK는 인터럽트를 0 ~ 5번까지 받을 수 있으며, 해당 핀은 표 8.1을 참조하여 사용한다.

표 8.1. 인터럽트 해당 핀

INTERRUPT NUMBER	ARDUINO PIN NO	RCO ADK
0	PIN2	가능
1	PIN3	가능
2	PIN21	가능
3	PIN20	가능
4	PIN19	가능
5	PIN18	가능

8.2. 인터럽트 실험

- PIN을 입출력으로 설정하고, 원하는 IO 신호를 출력하고 입력하는 방법을 학습한다.

8.2.1. 필요 모듈

인터럽트 실험을 위해서 그림 8.2와 같이 RCO ADK 메인 모듈과 디지털 IO 모듈이 필요하다.

- RCO ADK 메인 보드
- 디지털 IO 모듈

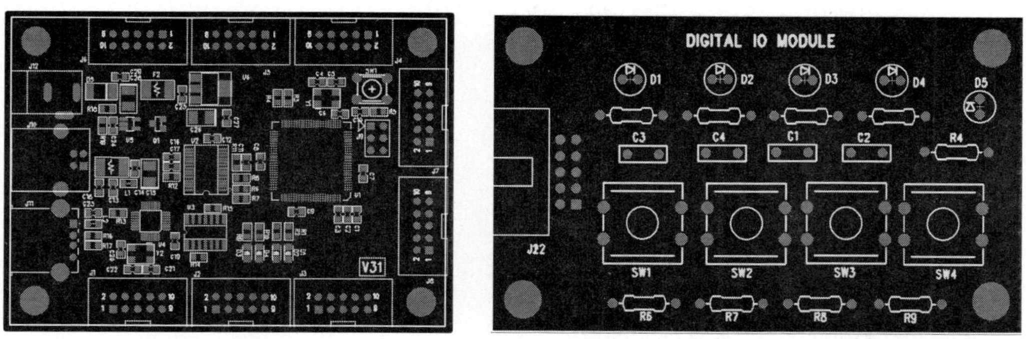

(a) RCO ADK 메인 모듈 (b) 디지털 IO 모듈

그림 8.2. 인터럽트 실험을 위한 필요 모듈

8.2.2. 핀 연결

그림 8.3은 인터럽트 실험을 위한 핀 연결 매핑 테이블을 나타낸 것이다. 메인 보드에 있는 J3과 디지털 IO 모듈을 10핀 케이블로 연결한다. KEY1 및 KEY2의 PIN 20과 21을 INTERRUPT 2와 3번으로 사용할 수 있다.

Board	int.0	int.1	**int.2**	**int.3**	int.4	int.5
Mega2560	2	3	**21**	**20**	19	18

J3	1	PIN16	PH1 (TXD2)	DIO-LED1
	2	PIN17	PH0 (RXD2)	DIO-LED2
	3	PIN18	PD3 (TXD1/INT3)	DIO-LED3
	4	PIN19	PD2 (RXDI/INT2)	DIO-LED4
	5	PIN20	PD1 (SDA/INT1)	DIO-KEY1
	6	PIN21	PD0 (SCL/INT0)	DIO-KEY2
	7	PIN22	PA0	DIO-KEY3
	8	PIN23	PA1	DIO-KEY4
	9	VCC5	VCC5	
	10	GND	GND	

그림 8.3. 인터럽트 실험을 위한 핀 연결 매핑 테이블

8.2.3. 테스트 프로그램

그림 8.4는 인터럽트 실험 프로그램을 나타낸 것이다.

```
int pin = 16;
volatile int state = LOW;

void setup()
{
  pinMode(pin, OUTPUT);
  attachInterrupt( 2, blink, FALLING);
}
```

```
void loop()
{
  digitalWrite(pin, state);
}

void blink()
{
  state = !state;  // 논리연산자 ( !): 연산결과 state가 참이면 거짓, 거짓이면 참
}
```

그림 8.4. 인터럽트 실험 프로그램

8.2.4. 프로그램 설명

(1) 인터럽트 서비스 함수

인터럽트가 발생할 때 호출하는 함수로 정의되며, 이 함수는 어떤 매개 변수를 가지지 않고 아무것도 반환하지 않는다. 이 함수는 인터럽트 서비스 루틴으로 불려지기도 한다. Key 인터럽트가 들어오는 경우, 이 함수가 수행되며, state 값으로 1과 0을 반복한다.

- void blink( )
  ```
  {
   state = !state;
  }
  ```

(2) attachInterrupt (인터럽트 NO, 서비스함수, 모드)

사용하고자 하는 핀에 해당하는 인터럽트 NO를 선택하고, 해당 서비스 함수 및 인터럽트 발생 조건을 모드를 사용하여 설정한다. 인터럽트 사용모드는 표 8.2와 같이 설정할 수 있다.

- attachInterrupt(0, blink, CHANGE);

표 8.2. 인터럽트 사용모드 설정

Mode	설명
LOW	trigger the interrupt whenever the pin is low
CHANGE	trigger the interrupt whenever the pin changes value
RISING	trigger when the pin goes from low to high
FALLING	for when the pin goes from high to low

(3) 인터럽트 해제

사용하고 있는 인터럽트를 해제하는 경우 사용한다.

- detachInterrupt (인터럽트 NO)

(4) 중요 구간의 인터럽트 발생 방지

코드가 중요 분을 수행할 경우 인터럽트 발생을 방지할 필요가 있다. 이 경우 외부로부터 들어오는 인터럽트를 일시 정지하는 경우에 noInterrupts ( ) 함수를 수행한다. 특정 구간을 지난 후 인터럽트를 재사용하기 위해서는 interrupts ( ) 함수를 다시 호출한다. 그림 8.5는 중요 구간의 인터럽트 발생 방지 코드를 나타낸 것이다.

```
void loop()
{
  noInterrupts();
  // critical, time-sensitive code here

  interrupts();
  // other code here
}
```

그림 8.5. 중요 구간의 인터럽트 발생 방지 코드

8.2.5. 결과 확인

프로그램을 컴파일하고 업로드한다. KEY2(SW2) 버튼을 클릭하여, LED1의 불이 On/Off하는 것을 확인한다.

(실습 8.1) 7SEGMENT COUNTER를 만들고, 숫자가 증가하고 KEY1에서 인터럽트가 발생할 경우 COUNT를 멈추고 해당 숫자를 표시하는 모듈을 구현하시오.

Chapter 09

라이브러리 만들기

| 학습목표 |

- 아두이노를 위한 라이브러리(library)를 만드는 방법을 이해한다.
- 라이브러리를 이해하고 사용할 수 있는 방법을 학습한다.
- 라이브러리 제작 지원 등 아두이노의 사용 편리성을 이해한다.
- 특정 디바이스에 대한 라이브러리 제작 및 타인과 공유 등 아두이노의 확장성을 이해한다.

| 목차 |

9.1. 라이브러리 개요

- 아두이노를 위한 라이브러리(library)를 만드는 방법을 설명한다.
- 라이브러리를 이해하고 사용할 수 있도록 설명한다.
- 아두이노가 사용하기 편리한 점은 라이브러리를 만들 수 있도록 지원한다는 점이다.
- 특정 디바이스에 대한 라이브러리가 만들어지면 이것을 편리하게 타인과 공유할 수 있으며, 이를 통해 아두이노를 많은 확장성을 가지고 다수의 유저가 공유를 통해 쉽게 하드웨어를 제어할 수 있도록 지원한다.

9.2. 라이브러리 제작 실험

9.2.1. 필요 모듈

- RCO ADK 메인 모듈

9.2.2. 스케치 모르스 부호 구현

- 스케치 프로그램으로 LED 불을 길게 또는 짧게 반짝이는 간단한 프로그램을 작성한다.
- 조난 구호 신호 (Distress signal)를 LED PIN13을 이용하여 구현한다. 이 프로그램은 조난구호 (SOS)를 보드에 연결된 LED를 통해 실행된다.
- 이를 통해 모르스 신호를 구현하고, 이 프로그램을 라이브러리 형태로 변환하는 과정을 설명한다.

그림 9.1은 모르스 부호 구현 프로그램을 나타낸 것이다.

```
int pin = 13;
void setup()
{
  pinMode(pin, OUTPUT);
}

void loop()
{
  dot(); dot(); dot();
  dash(); dash(); dash();
  dot(); dot(); dot();
  delay(2000);
}
void dot()
{
  digitalWrite(pin, HIGH);
  delay(250);
  digitalWrite(pin, LOW);
  delay(250);
}

void dash()
{
  digitalWrite(pin, HIGH);
  delay(1000);
  digitalWrite(pin, LOW);
  delay(250);
}
```

그림 9.1. 모르스 부호 구현 프로그램

9.2.3. 라이브러리로 변환

- 라이브러리의 구성

  라이브러리를 만드는데 표 9.1과 같이 2개의 파일이 필요하다.

표 9.1. 라이브러리 제작 파일

헤드파일 (Head file)	Morse.h
소스파일 (Source file)	Morse.cpp

- 헤드 파일(.h)은 라이브러리 정의 (Definition)에 대한 내용을 작성한다.
- 소스코드 (.cpp)는 구현되는 함수의 내용을 코드로 작성한다.

9.2.4. Morse.h 작성

그림 9.2는 Morse.h 코드를 나타낸 것이다.

```
#include "Arduino.h"

class Morse
{

  private:
        int pin;

  public:
        Morse( int pin );
        void dot( );
        void dash( );

}
```

그림 9.2. Morse.h 코드

9.2.5. Morse.h 설명

(1) 기본 헤드 파일 포함

아두이노 프로그램에서 기본적으로 사용하는 함수 및 변수를 정의한 표준 헤드파일 Arduino.h를 포함해야 한다.

```
#include "Arduino.h“
```

이 헤드파일은 Sketches 프로그램에서는 기본적으로 포함하고 있기 때문에 상위에 포함하지 않아도 되지만, 라이브러리 함수를 작성 시에는 반드시 포함하여야 한다. Class는 사용하는 함수와 변수로 이루어진다. Public 함수는 클래스를 사용하는 사람이면 접근해서 사용할 수 있다는 것을 정의하는 것이다. Private는 외부 프로그램에서는 접근이 불가능하고, Class 자체에서 사용하는 변수이다.

```
class Morse
{

  private:
      int local_pin;

  public:
      Morse( int pin );
      void dot( );
      void dash( );

}
```

9.2.6. Morse.cpp 작성

그림 9.3은 Morse.cpp 코드를 나타낸 것이다.

```
#include "Arduino.h"
#include "Morse.h"

Morse::Morse(int pin)
{
pinMode(pin, OUTPUT);
  local_pin = pin;
}
```

```
void Morse::dot()
{
   digitalWrite(local_pin, HIGH);
   delay(250);
   digitalWrite(local_pin, LOW);
   delay(250);
}

void Morse::dash()
{
digitalWrite(local_pin, HIGH);
   delay(1000);
digitalWrite(local_pin, LOW);
   delay(250);
}
```

그림 9.3. Morse.cpp 코드

9.2.7. Morse.cpp 설명

(1) 헤드파일 포함

자기 자신을 정의한 클래스 (Morse.h) 헤드파일을 #include를 사용해서 포함시킨다.

```
#include "Morse.h"
```

(2) 초기화 함수 작성

Class 자기 자신과 같은 이름을 가진 함수는 Class 생성 시, 초기화 과정을 수행한다. 이 함수의 경우는 자기가 사용하는 핀 번호를 설정하고, 내부 변수에 핀 번호를 저장한다.

```
Morse::Morse(int pin)
{
   pinMode(pin, OUTPUT);
   local_pin = pin;
}
```

(3) dot 함수 구현

```
void Morse::dot()
{
  digitalWrite(local_pin, HIGH);
  delay(250);
  digitalWrite(local_pin, LOW);
  delay(250);
}
```

(4) dash 함수 구현

```
void Morse::dash()
{
digitalWrite(local_pin, HIGH);
  delay(1000);
digitalWrite(local_pin, LOW);
  delay(250);
}
```

9.2.8. Morse Library를 이용한 Sketch 작성

그림 9.4. Morse Library를 이용한 Sketch 작성 코드를 나타낸 것이다.

```
#include <Morse.h>

Morse morse(13);

void setup()
{
}

void loop()
```

```
{
  morse.dot(); morse.dot(); morse.dot();
  morse.dash(); morse.dash(); morse.dash();
  morse.dot(); morse.dot(); morse.dot();
  delay(3000);
}
```

그림 9.4. Morse Library를 이용한 Sketch 작성 코드

9.2.9. Morse Library를 이용한 Sketch 설명

(1) 헤드파일 포함

작성된 라이브러리에 대한 헤드파일을 #include를 사용하여 포함한다. Morse 사용자 Class 라이브러리를 morse라는 이름으로 객체를 생성한다.

```
#include <Morse.h>
Morse morse(13);
```

9.2.10. 메인 프로그램 작성

라이브러리에서 제공하는 함수를 이용하여 프로그램을 작성한다.

```
void setup()
{
}

void loop()
{
  morse.dot(); morse.dot(); morse.dot();
  morse.dash(); morse.dash(); morse.dash();
  morse.dot(); morse.dot(); morse.dot();
  delay(3000);
}
```

9.2.11. 결과 확인

아두이노 개발환경 내에 있는 라이브러리 디렉토리에 작성해서 만든 라이브러리 이름과 동일한 디렉토리를 그림 9.5와 같이 생성한다.

- C:\Arduino\libraries\Morse

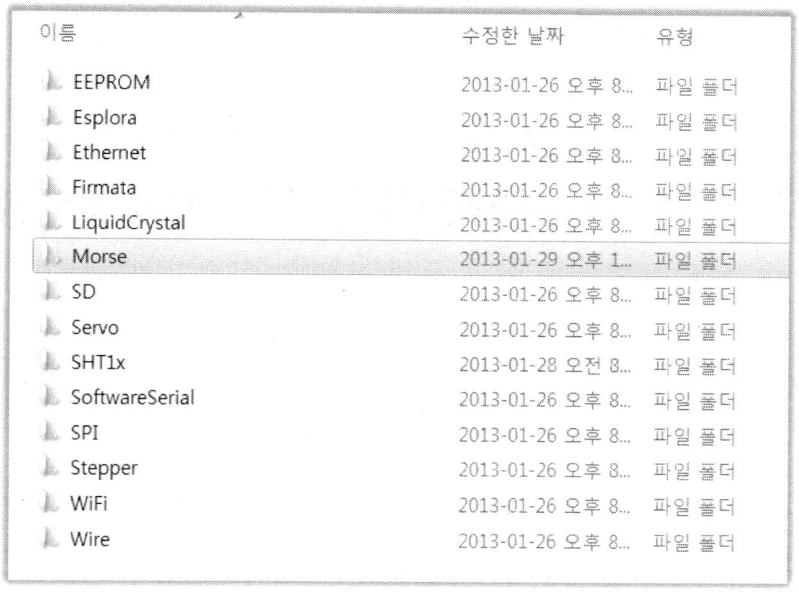

그림 9.5. Morse 디렉토리 생성

Morse 디렉토리에 다음과 같은 2개의 파일을 복사한다. 그림 9.6은 복사된 2개 파일을 나타낸 것이다.

- Morse.h
- Morse.cpp

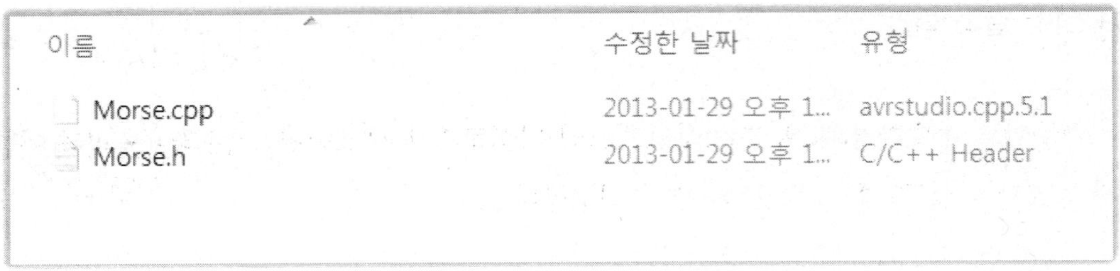

그림 9.6. Morse.h 및 Morse.cpp 파일 복사

그림 9.7과 같이 라이브러리가 정상적으로 등록되어 있는지 확인한다.

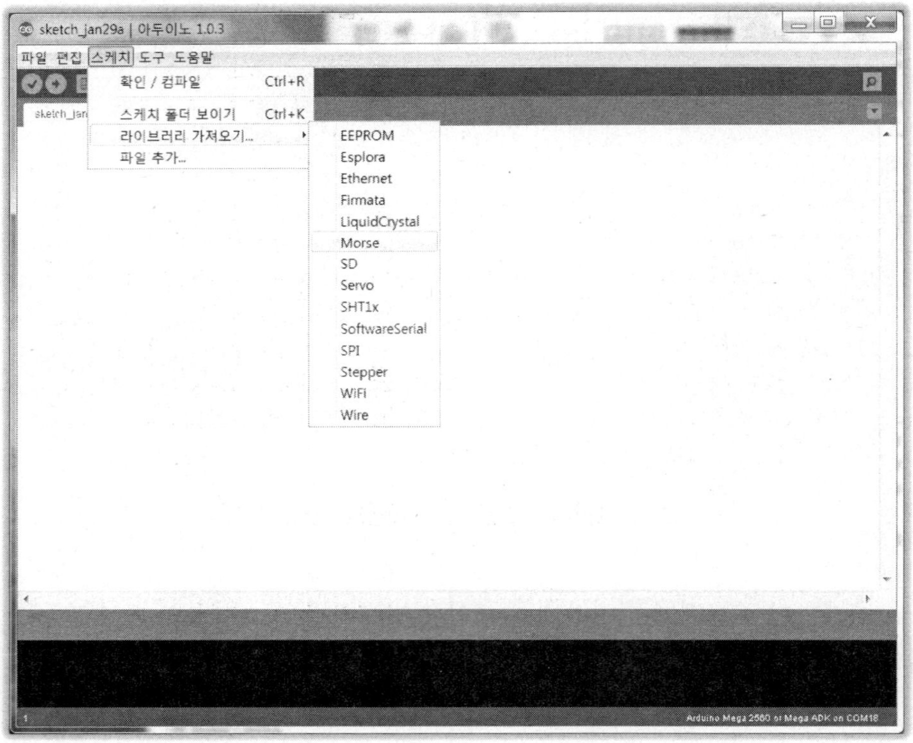

그림 9.7. 등록된 Morse 라이브러리

그림 9.8과 같이 프로그램을 작성하고, 결과를 확인한다.

그림 9.8. 결과 확인

(실습 9.1) Mysegment라는 라이브러리를 만들고, 함수 ValueSet(디지트 No, 표현 숫자 No)라는 함수를 포함하는 라이브러리를 만들고, 7Segment 모듈을 이용하여, 원하는 숫자를 원하는 디지트에 표현하는 라이브러리를 작성하시오.

Chapter 10

프로그램 제어 문법

| 학습목표 |

- 아두이노 스케치 프로그램에 필요한 프로그래밍 작성 기술을 향상한다.
- 프로그래밍 구조와 제어 문장을 학습한다.

| 목차 |

10.1. 제어문

아두이노 언어에서 제어흐름은 계산순서를 정하는 것이다. 제어흐름의 종류는 다음과 같다.

- If - else 문
- Else - if 문
- Switch 문
- 순환문 - while과 for
- Do - while 루프
- Break와 Continue
- Goto와 Label

10.1.1. If – else 문

if - else 문에서 단어 if의 의미인 '만약~이라면'과 else의 뜻인 '그렇지 않으면'의 의미는 프로그래밍에서의 뜻과 같다. 그렇기 때문에 if - else 문이 그리 어렵게 느껴지지 않을 것이다. 이 if - else 문은 프로그램의 흐름을 결정하기 위해 쓰인다. 형태는 다음과 같다.

```
if  (수식)
        문장1                              /*     수식;     */
else
        문장2
```

if - else 문을 사용한 코드를 살펴본다.

```
loop ( )
{
    int n = 10;
    if (n>5)
        printf("5보다 크다.");
    else
        printf("5보다 크지않다.");
}
```

위의코드에서 n>5는 수식이며 제일 먼저 계산된다. 여기서 수식 값이 참이면 문장1을 실행시키고 참이 아니면 문장2를 실행시키게 된다. 그러므로 위의 수식은 참이 되므로 문장1이 실행되어서 결과 값은 다음과 같아진다.

- 5보다 크다.

10.1.2. Else – if 문

else - if 문의 형태는 다음과 같다.

```
if (수식1)
    문장1
else if (수식2)
    문장2
else if (수식3)
    문장3
else
    문장4
```

이 else - if 문은 다중판단을 할 경우 자주 사용되는 형식이다. else - if 문은 위에서 부터 차례대로 계산된다. 먼저 수식1을 계산하고 참이면 문장1을 실행시키고, 거짓이면 수식2

를 계산하고 참이면 문장2실행, 거짓이면 다음 수식으로 넘어가는 과정을 반복한다. 이런 식으로 반복해서 하나도 참인 것이 없다면 마지막 else의 문장을 실행시키게 된다. 이 부분은 실수를 검사하기 위해 사용되기도 하지만 필요가 없으면 문장을 생략할 수 있다.

10.1.3. Switch 문

switch 문도 앞에서 배웠던 if - else 문과 마찬가지로 흐름을 분기시키는 역할을 한다. 그러나 if - else 보다 간결하게 표현된다는 장점으로 인해 자주 사용된다. switch 문은 일반적으로 다음과 같은 형태이다.

```
switch (수식) {
case 상수 : 문장
case 상수 : 문장
default : 문장
}
```

switch 문의 상수수식과 상수는 정수 값을 가져야 한다. 만일 case의 상수 값이 수식과 일치하면 그 뒤의 문장을 실행한다. case 다음에 상수들은 모두 달라야 하며 똑같은 수식은 2번이상 사용하면 안된다. default 문은 모든 case에 만족되는 것이 없을 시 실행되며 필요가 없을 시 생략해도 된다. 이해를 돕기 위해 예제 코드를 살펴보자. 예제 코드는 다음과 같다.

```
switch(n)
{
    case 1:                  /* n이 1이면 여기서 부터 시작 */
        printf("A1");
        printf("A2");
    case 2:                  /* n이 2이면 여기서 부터 시작 */
        printf("B1");
        printf("B2");
```

```
        case 3:                          /* n이 3이면 여기서 부터 시작 */
            printf("C1");
            printf("C2");
        default;                         /* n에 해당하는 것이 없으면 여기서 부터 시작 */
            printf("Default!");
    }
```

위의 코드를 보면 n의 값에 따라 case가 달라지고 있다 (여기서 n의 값은 무조건 정수 값을 가져야 한다. 실수 값은 올 수 없다.). 만약 n이 2라면 다음과 같은 의미가 된다.

"n이 2라면 case2부터 시작된다. "
출력결과 - B1 B2 C1 C2 Default!

```
"n이 2라면 case2부터 시작된다. "
출력결과 - B1 B2 C1 C2 Default!
```

만약 n이 3이라면 다음과 같은 의미가 된다.

```
"n이 3이라면 case3부터 시작된다. "
출력결과 - C1 C2 Default!
```

만약 n이 1,2,3외의 다른 경우라면 다음과 같다.

```
"n이 1,2,3외의 다른 경우라면 Default부터 시작"
출력결과 - Default !
```

실행결과 case와 일치하는 것을 시작으로 차례차례 수행하는 것을 알 수 있다. 만약 case 뒤에 다른 case들을 실행하기 원치 않는다면 switch 문과 break 문을 사용하면 된다. break 문은 특정조건일 때 반복문을 빠져나오는데 사용된다. 사용법은 간단하므로 다음 코드를 보면 알 수 있다.

```
switch(num)
{
        case 1:                                 「
                printf("A1");                        case 1
                printf("A2");                         영역
                break;                                              」
        case 2:                                 「
                printf("B1");                        case 2
                printf("B2");                         영역
                break;                                              」
        case 3:                                 「
                printf("C1");                        case 3
                printf("C2");                         영역
                break;                                              」
        default;
                printf("Default!");
}
```

위의 코드를 보면 알 수 있듯이 case에 마지막의 break;만 써주면 된다. 그렇다면 실행결과를 보면 다음과 같다.

```
num이 1일 때 실행결과 - A1 A2
num이 2일 때 실행결과 - B1 B2
num이 5일 때 실행결과 - Default!
```

10.1.4. 순환문 – while과 for

먼저 while의 기본 형태를 보면 다음과 같다.

```
수식1;
while (수식2)
{
        문장
        수식3;
}
```

위의 while 문은 먼저 수식을 계산하고 0이 아니면(참인동안) 문장을 수행하고, 수식을 다시 계산하여 수식이 0이 될 때(거짓)까지 반복하게 된다. 이런 특성으로 인해 while은 반복문이라고 한다. while 문이 사용된 예제를 보면 다음과 같다.

```
#include <stdio.h>

int main(void)
{
        int i = 0;

        while (i<7)        /* 7회 반복 */
        {

                printf("%d 번째 Hello World! \n",i+1);

                i++;
        }
return 0;
}
```

위의 예제는 "Hello World!"를 7번 출력하는 반복문이다. 위의 예제를 보면 "Hello World!"가 한번 출력할 때 마다 i의 값에 +1을 하여 반복을 하는 구조이다. 만약 여기서

i++가 없다면 어떻게 될지 생각해 보자. 그 결과는 while의 조건이 항상 참이므로 멈추지 않고 계속 반복할 것이다. 이렇게 빠져나오지 못하도록 구성된 반복문을 '무한 루프'라고 한다.

이제 while의 기본형태를 보았으니 for 문의 기본형태를 보겠다. for 문은 다음과 같다.

```
for (수식1; 수식2; 수식3)
        문장
```

이것을 while로 표현하면 다음과 같다.

```
수식1;
while (수식2)
{
        문장
        수식3;
}
```

위의 코드처럼 for 문이 하는 것은 모두 while 문으로 표현할 수 있다. 하지만 for 문이 쓰일 곳에는 for 문을 쓰는 것이 더 간결하고 좋은 코드가 된다. for 문에 대해서 알아보겠다. for 문도 while 문과 마찬가지로 반복문이다. 반복문에는 기본구성 3요소가 있는데 그 요소는 다음과 같다.

- 반복횟수를 세기 위한 변수
- 반복문의 탈출조건
- 탈출조건 성립을 위한 연산

이 기본구성 3요소를 같은 반복문인 while 문의 예제에서 찾아보면 다음과 같다.

```
#include <stdio.h>

int main(void)
{
        int i = 0;      ①
        while (i<7)     ②   /* 7회 반복 */
        {
                printf("%d 번째 Hello World! \n",i+1);
                i++;            ③
        }
        return 0;
}
```

위의 while 문을 보면 반복문의 기본요소가 흩어져 있어서 관찰하는데 불편함이 있다. 그래서 이런 불편을 줄이고자 for 문이 만들어졌다. 불편을 줄이고자 만들어진 for 문은 반복문의 기본구성 3요소를 한 줄에 나열하는 구조로 되어있다. 그러면 위의 3요소를 for 문을 써서 작성해보겠다. 그 코드는 다음과 같다.

```
for (int i=0; i < 7; i++)
{
        printf(".........")
}
```

일단 for 문이 어떤 형태인지 알았으니 흐름에 대해서 알아보겠다. 흐름을 알기 위해서는 위의 코드와 조금 달라진 코드를 사용한다. 그 코드는 다음과 같다.

```
for (int i=0; i < 3; i++)      /* int i=0   -① */
{                              /* i < 3     -② */
    printf(".........")        /* printf(".........") -③ */

}                              /* i++   -④ */
```

```
<흐름>

첫 번째 루프  ①→②→③→④ i=1
두 번째 루프  ②→③→④ i=2
세 번째 루프  ②→③→④ i=3
네 번재 루프  ② i=3 end
```

여기서 주목할 점은 ①번은 for 문 처음에만 실행되며 ④번은 반복영역을 실행하고 마지막에 실행된다는 점이다. 특히 ④번은 주의하기 바란다. 위의 번호에도 이름이 붙혀져 있는데 ①은 초기화하기 때문에 초기식 ②에는 반복을 위한 조건이 오기 때문에 조건식 ④에는 탈출을 위한 연산식인 증가나 감소가 오기 때문에 증감식이라 한다. 이름으로 정리하면 다음과 같다.

```
for (초기식; 조건식; 증감식)
{

for문의 몸체

}
```

이 for 문도 필요한 것만 쓰고 필요 없는 것은 빼도 된다. 초기식, 증감식도 생략가능하다. 단, 조건식이 빠지면 무한 루프가 형성된다. 다음은 문자열 뒤집기 함수에서의 for 문 사용의 예이다. 한번 살펴보기 바란다.

```
#include <string.h>

void reverse (char s[])
{
    int c,i,j;

    for (i=0, j=strlen(s)-1; i<j; i++, j--)
```

```
    {
        c = s[i];

        s[i] = s[j];

        s[j] = c;
    }
}
```

10.1.5. Do – While 루프

앞에서 살펴본 while 문이나 for 문은 종료조건검사를 앞부분에서 한다. 그러나 반복문을 구성하다보면 이러한 조건검사 방식이 적합하지 않은 경우가 있다. 즉 앞이 아닌 뒷부분에서 하는 것이 더 적합할 수 있다. 이를 위해서 만들어진 구문이 바로 do - while 문이다. 이런 do - while 문은 종료조건을 마지막 부분에서 검사하기 때문에 최소 한 번은 수행되는 특징이 있다 (만약 조건이 만족되지 않으면 한 번도 실행되지 않을 수 있다.). Do - while 문의 형식을 보면 다음과 같다.

```
do{
문장
} while(수식);
```

위의 do - while 문을 보면 알 수 있듯이 문장이 실행되고 수식이 계산된다. 여기서 계산결과가 참이면 문장이 다시 수행되고 수식이 거짓이면 루프가 끝나게 된다. 예제를 통해 그 의미를 파악해 본다. 이 예제는 do - while 문의 특징이 잘 드러나 있는 예제이다.

```
#include<stdio.h>

int main(void)
```

```
{
        int  age;

        do{
              printf("당신의  나이는?");
              scanf("%d",  &age);
        }  while(age<1);

        switch(age/10)
        {
              case  0:
              printf("유소션이구나!\n");
              break;

              case  1:
              printf("10대군요.\n");
              break;

              case  2:
              printf("20대군요.\n");
              break;

              case  3:
              printf("30대군요.\n");
              break;

              case  4:
              printf("40대군요.\n");
              break;

        case  5
        printf("50대군요.\n");
        break;

        case  default:
        printf("어르신~\n");
}

return  0;
}
```

실행결과

```
당신의 나이는? -15
당신의 나이는? 0
당신의 나이는? 20
20대군요.
```

10.1.6. Break 문과 Continue 문

어떤 경우에는 루프의 도중에서 벗어나야 할 때가 있다. 이런 경우 쓰는 것이 break 문이다. 이 break 문은 switch 문뿐만 아니라 for 문, while 문 등에서 루프를 벗어나는 역할을 한다. 이 break 문은 가장 가까운 루프 하나를 벗어난다. 단, 중첩된 루프일 경우에는 한 번에 전체를 빠져나올 수 없다. 다음 예제를 보면서 알아보겠다. 다음은 공백과 탭 등을 제거하는 trim 함수이다.

```
int trim(char [s])

{

    int n;

    for (n = strlen(s)-1; n >= 0; n--)
    {
        if (s[n] !=' ' && s[n] != '\t' && s[n] != '\n')
            break;
    }
    s[n+1] = '\0";

    return n;

}
```

continue 문은 break 문과 반대로 for, while 또는 do 루프에서 다음 반복을 수행하기 위해서 사용된다. 이 continue 문은 실행하던 반복문의 나머지 부분을 생략하고, 프로그램의 흐름을 조건검사 부분으로 이동시킨다. 즉 while 문이나 do 문의 비교부분이 다시 수행됨을 의미한다. 다음 예를 보겠다. 다음 예는 양의 원소만 처리되고 음의 원소는 건너뛰는 것을 보여준다.

```
for (i =0; i < n; i++)
{

      if (a[i] < 0)

      continue;
      ...

}
```

10.1.7. Goto와 Label 문

Goto 문은 c언어뿐만 아니라 많은 언어에서 볼 수 있는 키워드이다. 그럼에도 불구하고 많은 개발자들은 사용하기를 꺼리고 사용하지 말라고 권고한다. 물론 긍정적인 측면을 이야기하는 전문가도 있다. 하지만 goto 문을 쓰게 되면 코드도 복잡해지며 c언어의 절차 지향적 특성이 무너지므로 장점보다 단점이 크다. 이런 goto 문을 적은 장점 때문에 쓸 필요는 없다. 하지만 쓰지 않더라도 알고는 있어야 한다 (물론 사용하지 않는 습관을 우선적으로 들여야 한다.). goto 문은 말그대로 go + to이며 기능도 말 그대로 특정위치로 이동시키는 기능을 한다. 구성은 다음과 같다.

```
int main(void)
{
      ...
      goto rabbit;                /* rabbit으로 가라 */
```

```
    ...
    puppy:                /* Label */
    rabbit:               /* Label */
    ...
    goto puppy;           /* puppy로 가라 */
    ...
}
```

위의 코드에서 rabbit과 puppy를 레이블이라 한다 (레이블을 의미하려면 콜론으로 표시한다.). 위 구성 중 goto rabbit; 이라는 문장을 해석하면 "레이블 rabbit으로 가서 계속 실행하라."라는 의미가 된다. 이런 goto 문은 중첩된 루프를 벗어날 경우에 유용하다. 그 예는 다음과 같다.

```
for (...)
    for (...) {
    ...
        if (disaster)
            goto error;
    }
    ...
error :
clean up the mess
```

이 구조는 에러가 여러 곳에 걸쳐 발생할 때 유용하다. 여기서 에러를 레이블로 표시했다.

10.2. 기타 기초 문법

자료형 (Data Type)과 변수, 연산자, 수식 및 상수에 대해서 알아본다. 먼저 형, 연산자, 수식이 무엇인지 프로그램에 사용되는 가장 기본적인 데이터인 변수와 상수를 통해서 알아보도록 하겠다.

- 형 (Type): 변수와 상수들이 취할 값과 그것에 가해질 수 있는 연산을 결정한다.
- 연산자: 변수와 상수를 어떻게 연산할 것인지를 결정한다 (+, -, *, % 등).
- 수식: 변수와 상수를 묶어 새로운 결과를 나타낸다.

먼저 형, 연산자, 수식에 대한 설명을 하기 전에 변수에 대해서 간단히 알아보도록 하겠다.

10.2.1. 변수

변수에 대해서 살펴볼 부분을 정리한 내용은 다음과 같다.

- 변수는 '선언' 한다.
- 변수는 다음과 같은 형태로 선언한다 (int val: val이라는 이름의 변수를 선언하며 이 변수는 int형으로 데이터를 저장 및 참조해야 한다.).
- 변수와 상수명의 첫 글자는 반드시 영문이며 대문자와 소문자는 구분된다.
  (int val2(○) int 2val(×) / int val ≠ int VAL)
- int, float, if와 같은 C언어 예약어는 변수명으로 사용할 수 없다 (int if (x)).
- 긴 문장에는 "_" 를 사용해서 알기 쉽게 한다 ("_"도 문자로 취급한다.).
- 변수명에는 사용목적에 알맞은 이름을 붙이고 지역변수는 짧은 이름 외부변수에는 가능한 긴 이름을 쓴다.

위의 6가지 중 밑의 2가지는 선택사항이다. 하지만 가능한 다음과 같이 해주는 것이 좋다. 이제 본격적인 주제 중에 형부터 시작하겠다.

10.2.2. 데이터 형과 크기

c언어에는 기본적인 데이터 형이 있다. 기본적인 데이터 형은 다음과 같다.

- char: 한 바이트 문자 (8비트)
- int: 정수 (32비트)
- float: 단정도(single - precision) 부동 소수점 (소수점이하 정밀도 6자리 이상)
- double: 배정도(double - precision) 부동 소수점 (소수점이하 정밀도 10자리 이상)
- char val, val2; / int val3, val4;

문자나 정수에는 부호형 (signed) 또는 무부호형 (unsigned)이라는 한정사를 붙일 수 있다. 무부호형은 항상 0이상이며 미만으로 결정된다. 만약에 8비트이면 0 ~ 255의 값을 갖는다. 무부호형은 다음과 같다.

unsigned char	8 비트	0 이상 255 이하
unsigned short	16 비트	0 이상 65535 이하
unsigned int	32 비트	0 이상 4,294,967,295 이하
unsigned long	32 비트	0 이상 4,294,967,295 이하

unsigned를 빼고 signed를 붙히고 선언하면 부호형이 된다. 일반적은 signed int는 int와 같으므로 signed는 생략한다. 부호형의 범위는 다음과 같다.

char	8 비트	-128 이상 127 이하
short	16 비트	-32768 이상 32767 이하
int	32 비트	-2,147,483,648 이상 2,147,483,647 이하
long	32 비트	-2,147,483,648 이상 2,147,483,647 이하

10.2.3. 상수 (정수형, 실수형)

상수에 대해서 간단히 알아보도록 하겠다. 상수는 변경이 가능한 변수와 달리 변경이 불가능한 수이다. 상수에는 두 가지 종류가 있는데 바로 정수형 상수와 실수형 상수이다. 정수형, 실수형 상수는 다음과 같다.

- 정수형 상수는 int 형으로 표현한다.
- 실수형 상수는 double 형으로 표현한다.

1234와 같은 것이 정수형 상수 int이며 (int val = 1234;), 3.14와 같은 것이 실수형 상수이다. 실수형으로 선언 시 double 형으로 표현된다. 여기서 float 형을 쓰게 된다면 (float val2 = 3.14;)라고 쓰면 3.14는 double 형이 된다. 이렇게 쓰면 데이터가 잘려나갈 수도 있다. 이것을 방지하기 위해 상수 뒤에 접미사를 붙여서 해결할 수 있다.

```
float val2 = 3.14f
```

정수 값은 8진수나 16진수로 표기할 수 있다. 표기 방법은 다음과 같다.

- 8진수: 0이 앞에 나온다. ex) 10진수: 31 => 8진수: 037
- 16진수: 0x 혹은 0x가 앞에 나온다. ex) 10진수: 31 => 16진수: 0x1f

10.2.4. 상수 (문자형)

상수에는 정수형, 실수형 상수이외에 문자 상수가 있다. 문자 상수는 ‘ ’(작은 따옴표) 안에 하나의 문자로 나타내며 정수 값을 가지게 된다. 밑에 ASCII 코드표를 보면 알 수 있듯이 ‘A’는 41이라는 값을 가지게 된다. 숫자 연산도 물론 할 수 있다.

상수에는 하나의 문자만을 나타내는 문자 상수이외에 문자열을 나타내는 문자열 상수(string constant)가 있다. 문자열 상수는 다음과 같이 큰 따옴표를 붙여서 사용한다.

- “Hello, World” /* “ ”(큰 따옴표)는 문자열에 포함되지 않는다. */
- “Hello”, “World” /* 문자열 상수 연결, 출력값: Hello, World */

이러한 문자열 상수를 사용할 때 주의할 점이 있다. 일단 문자열 상수는 문자의 배열이다 (c언어 - 배열 참조). 문자 배열은 그 끝에 ‘\0’을 가지고 있다. 그래서 문자열 상수에서는 따옴표 안에 문자수보다 한 개가 더 필요하게 된다. “Hello”라는 문자열이 있다면 다음과 같이 된다.

H	e	l	l	o	\n

보면 알 수 있듯이 실제로 필요한 기억장소는 '\0'을 포함한 개수가 된다.

‘h’라는 문자 상수와 “h” 문자열 상수가 구분되어서 사용된다는 의미이다. ‘h’는 h를 나타내는 정수이고 “h”는 배열로 표현되며 h와 ‘\0’으로 이루어져 있다.

2진법	팔진법	십진법	십육진법	모양	2진법	팔진법	십진법	십육진법	모양	2진법	팔진법	십진법	십육진법	모양
010 0000	040	32	20	sp	100 0000	100	64	40	@	110 0000	140	96	60	`
010 0001	041	33	21	!	100 0001	101	65	41	A	110 0001	141	97	61	a
010 0010	042	34	22	"	100 0010	102	66	42	B	110 0010	142	98	62	b
010 0011	043	35	23	#	100 0011	103	67	43	C	110 0011	143	99	63	c
010 0100	044	36	24	$	100 0100	104	68	44	D	110 0100	144	100	64	d
010 0101	045	37	25	%	100 0101	105	69	45	E	110 0101	145	101	65	e
010 0110	046	38	26	&	100 0110	106	70	46	F	110 0110	146	102	66	f
010 0111	047	39	27	'	100 0111	107	71	47	G	110 0111	147	103	67	g
010 1000	050	40	28	(	100 1000	110	72	48	H	110 1000	150	104	68	h
010 1001	051	41	29	)	100 1001	111	73	49	I	110 1001	151	105	69	i
010 1010	052	42	2A	*	100 1010	112	74	4A	J	110 1010	152	106	6A	j
010 1011	053	43	2B	+	100 1011	113	75	4B	K	110 1011	153	107	6B	k
010 1100	054	44	2C	,	100 1100	114	76	4C	L	110 1100	154	108	6C	l
010 1101	055	45	2D	-	100 1101	115	77	4D	M	110 1101	155	109	6D	m
010 1110	056	46	2E	.	100 1110	116	78	4E	N	110 1110	156	110	6E	n
010 1111	057	47	2F	/	100 1111	117	79	4F	O	110 1111	157	111	6F	o
011 0000	060	48	30	0	101 0000	120	80	50	P	111 0000	160	112	70	p
011 0001	061	49	31	1	101 0001	121	81	51	Q	111 0001	161	113	71	q
011 0010	062	50	32	2	101 0010	122	82	52	R	111 0010	162	114	72	r
011 0011	063	51	33	3	101 0011	123	83	53	S	111 0011	163	115	73	s
011 0100	064	52	34	4	101 0100	124	84	54	T	111 0100	164	116	74	t
011 0101	065	53	35	5	101 0101	125	85	55	U	111 0101	165	117	75	u
011 0110	066	54	36	6	101 0110	126	86	56	V	111 0110	166	118	76	v
011 0111	067	55	37	7	101 0111	127	87	57	W	111 0111	167	119	77	w
011 1000	070	56	38	8	101 1000	130	88	58	X	111 1000	170	120	78	x
011 1001	071	57	39	9	101 1001	131	89	59	Y	111 1001	171	121	79	y
011 1010	072	58	3A	:	101 1010	132	90	5A	Z	111 1010	172	122	7A	z
011 1011	073	59	3B	;	101 1011	133	91	5B	[	111 1011	173	123	7B	{
011 1100	074	60	3C	<	101 1100	134	92	5C	₩	111 1100	174	124	7C	|
011 1101	075	61	3D	=	101 1101	135	93	5D	]	111 1101	175	125	7D	}
011 1110	076	62	3E	>	101 1110	136	94	5E	^	111 1110	176	126	7E	~
011 1111	077	63	3F	?	101 1111	137	95	5F	_					

* 상수의 열거 (참고)

상수에는 열거라는 형식이 있다. 열거는 다음과 같은 형태를 가진다.

```
enum 상수명 {값1,값2 ...};
```

열거는 정수형 상수를 열거한 것이다. 열거의 값을 지정하지 않으면 값1은 0, 값2는 1의 값을 얻고 그 뒤에 수도 차례대로 값을 얻게 된다. 만약 다음과 같이 값이 지정되어 있으면 다음 값은 그 값을 기준으로 바뀌게 된다.

```
enum alp {A =1,B,C,D,E,F,G,H,I,J,K};   /* A=1 , B=2 , C=3 , D=4 ,E=5 ...............
J=10 , K=11 */
```

열거의 상수명은 무조건 달라야 된다. 하지만 값은 같아도 된다.

10.2.5. 선언문

변수들은 사용되기 전에 선언되어야 한다. 이런 변수들을 선언하는 것이 선언문이다. 선언문을 통해 선언할 때 형을 지정하고 변수이름을 나열해서 선언해야 한다.

```
int num,sum,i;
char s[100];
```

위의 리스트 형식은 다음과 같이 표현할 수도 있다.

```
int sum;
int num;
int i;
char s[100];
```

사용하기 편한 것을 사용하면 된다. 변수는 다음과 같이 초기 값을 지정하며 선언할 수 있다. 다음과 같이 등호와 수식이 붙으면 초기화하는 역할을 한다.

```
char i = '\ \' ;
int num = 0;
int sum = MAXLINE +1;
```

변수는 프로그램 실행 시 한 번 실행된다. 초기화는 상수의 수식이어야 한다 (지역 변수는 실행 시 초기화되지 않는다. 초기화되는 지역변수는 함수나 블록에 처음 들어갈 때 초기화된다. 초기화되지 않는 지역변수는 정의되지 않는다.). 만약 따로 지정되지 않은 외부 정적변수는 초기화되면 0으로 초기화된다. 만약 변수 값이 변하는 것을 원치 않는다면 const라는 한정사를 사용하면 된다.

```
const 데이터형 변수명 = 변수값
const duble s = 3.141592;
const char s[] = "Hello";
```

10.2.6. 산술 연산자

산술 연산자의 종류는 다음과 같다.

```
+ . - . * . / . % (나머지 연산자)
```

몇 가지 예를 들며 주의할 점을 알아보겠다. 먼저 다음 표현의 결과를 예측해 보겠다.

```
5/9
```

일반적인 계산기로 연산한 결과 0.5556이 나오게 된다. 하지만 c언어에서 위의 연산을 계산하게 되면 0이라는 결과가 나오게 된다. 0이라는 결과 값이 나오게 되는 이유는 c언어의 연산특징과 관련이 있다. 그 특징은 다음과 같다.

- C언어는 정수와 정수사이의 연산 값은 정수 값만을 출력하게 된다.
- C언어는 실수와 실수사이의 연산 값은 실수 값만을 출력하게 된다.

위의 특징으로 인해 5라는 정수와 9라는 정수의 연산 값은 0.5556이라는 실수 값을 출력하지 못하고 0이라는 정수 값을 출력하게 된다. 만약 실수 값을 얻고 싶다면 실수와 실수로 연산을 다음과 같이 해야 한다.

```
5.0/9.0
```

이제 사칙연산과 다르게 약간 생소할 수 있는 % (나머지 연산자)에 대해서 알아보도록 하겠다. % 연산자는 나머지를 나타내는 연산자이다. 다음과 같은 형태이며 X를 Y로 나눈 값의 나머지를 출력하게 된다.

```
X % Y
```

예를 들어 20%5와 17%5를 연산해 보겠다. 20%5는 나누어 떨어지기 때문에 0이라는 결과 값이 출력된다. 그러나 17%5는 나머지가 2가 되므로 2가 출력이 된다.

```
20%5 = 0
5×4+0 = 20
17%5 = 2
5×3+2 = 17
```

이 나머지 연산자는 float나 double에 적용되지 않고 음수에도 적용되지 않는다. 나머지 연산자 사용 시 이점에 주의하기 바란다.

10.2.7. 관계 연산자

관계 연산자의 종류는 다음과 같다.

```
> ,  >=  ,  <  ,  <=  ,  ==  ,  !=
```

위의 연산자들에 대해서 간단히 알아보면 다음과 같다.

연산자	연산자의 기능		결합방향	우선순위
〉	n1 〉 n2	n1이 n2 보다 큰가?	→	모두 같음 (산술연산자 보다 낮음)
〉=	n1 〉= n2	n1이 n2 보다 같거나 큰가?		
〈	n1 〈 n2	n1이 n2 보다 작은가?		
〈=	n1 〈= n2	n1이 n2 보다 같거나 작은가?		
==	n1 == n2	n1이 n2와 같은가?		
!=	n1 != n2	n1이 n2와 같지 않은가?		

관계 연산자는 크기 및 동등관계를 따지는 연산자이다. 비교하는 기능이므로 '비교 연산자' 라고도 부른다. 관계 연산자들은 참이면 1 , 거짓이면 0의 연산결과를 산출한다. 다음 코드를 통해 확인해보겠다.

```
#include <stdio.h>
int main(void)
{
int n1 = 10;
int n2 = 12;
```

```
int  result1,result2;
result1  =  (n1  ==  n2);
result2  =  (n1  <=  n2);
printf("n1이 n2와 같은가? %d\n",result1);
printf("n1이 n2보다 같거나 작은가? %d\n",result2);
return0;
}
```

출력결과는 다음과 같다.

```
n1이 n2와 같은가? 0
n1이 n2보다 같거나 작은가? 1
```

관계 연산자는 산술 연산자보다 우선순위가 낮다. 만약 다음과 같은 식은 우선순위로 인해 i < (lim -1)이 된다.

```
i < lim -1
↓
i < (lim -1)
```

여기서는 위의 표에 우선순위가 무엇을 말하는지에 대해 간단히 설명한다.

10.2.8. 논리 연산자

논리 연산자도 참과 거짓을 따지는 연산자이며 다음으로 구성되어 있다.

```
&& (AND)   || (OR)   ! (NOT)
```

논리 연산자의 기능은 다음과 같다.

연산자	연산자의 기능		결합 방향
&&	A&&B	A와 B 모두 참이면 결과 참	→
||	A || B	A와 B 둘 중 하나라도 참이면 결과 참	→
!	!A	연산결과 A가 참이면 거짓, A가 거짓이면 참	←

이 논리 연산자들은 참 · 거짓이 판정되면 검사를 마치게 된다. 다음 문장을 예로 들어 보겠다 (getline 함수 문자를 읽어 들이는 함수의 일부분).

```
for(i = 0; i<lim-1 && (c=getchar()) !=EOF && c!='\n'; ++i)
     s[i] = c;
```

위의 문장에 쓰인 && 연산자는 결합방향이 → 이므로 i < lim-1에 대한 검사가 참이 아니면 문자를 읽어서는 아니 되며 getchar를 호출하기 전에 EOF를 검사해도 안 된다. 예제를 통해서 논리 연산자에 대해서 알아보겠다.

```
#include <stdio.h>

int main(void)
{
int n1 = 10;
int n2 = 12;
int r1,r2,r3;
r1 = (n1==10 && n2==12);
r2 = (n1<=12 || n2>=12);
r3 = !n1;
printf("r1 : %d\n",r1);
printf("r2 : %d\n",r2);
printf("r3 : %d\n",r3);
return0;
}
```

결과 값은 다음과 같다.

```
r1 : 1
r2 : 1
r3 : 1
```

관계 연산자와 마찬가지로 참이면 1, 거짓이면 0을 반환한다. 예제는 모두 참이므로 1을 반환한다. 예제를 통해 쉽게 이해할 수 있다.

10.2.9. 증가 연산자와 감소 연산자

증가 연산자와 감소 연산자는 말 그대로 변수의 값을 증가시키거나 감소시키는 연산자이다. 일반적으로 증가연산자 ++는 1을 증가시키고 감소연산자 --는 1을 감소시킨다. 변수를 증가시킬 때는 다음과 같이 증가 연산자를 사용한다.

```
+ + nl;
```

증가 연산자에서 주목할 것은 증가 연산자나 감소 연산자를 변수 앞에나 뒤에 모두 사용할 수 있다는 것이다. 예제를 통해서 알아보겠다. 예제는 다음과 같다.

```
#include <stdio.h>                    /* ++num --num     */

int main(void)
{
int num = 7;
int num2,num3;
num2 = ++num1;
num3 = --num1;
```

```
printf("num1 : %d\n",num1);
printf("num2 : %d\n",num2);
printf("num3 : %d\n",num3);
return0;
}
```

결과 값은 다음과 같다.

```
num1 : 7
num2 : 8
num3 : 7
```

```
#include <stdio.h>                              /* num++ num--    */

int main(void)
{
int num = 7;
int num2,num3;
num2 = num1++;
num3 = num1--;
printf("num1 : %d\n",num1);
printf("num2 : %d\n",num2);
printf("num3 : %d\n",num3);
return0;
}
```

```
num1 : 7
num2 : 7
num3 : 8
```

예제를 보면 쉽게 알 수 있지만 설명을 하면 다음과 같다.

- ++num은 num이 사용 전에 증가하고, num++는 사용 후에 증가시킨다.

이런 증가 연산자는 오직 변수에만 사용가능하며 (i+j)++와 같은 수식에는 증가, 감소 연산자를 사용할 수 없다. 다음과 같이 어디에나 붙여도 결과 값이 같은 것이 있다.

```
if(c == '\n')
nl ++;
```

하지만 증가 연산자를 앞, 뒤 위치에 주의하여 붙여야 하는 경우도 있다. 다음 예를 통해 알아보겠다. 다음 예는 문자열 s중 문자 c를 제거하는 함수인 squeeze(s,c)이다.

```
void squeeze(char s[],int c)

{
int i,j;
for (i=j=0 ; s[i] != '\0'; i++)
if (s[i] != c)
s[j++] = s[i];
s[j] = '\0';
}
```

이해하기 위해서 프로그램에 흐름을 알아야 된다. 이 프로그램은 c가 아닌 문자가 나타날 때마다 현재의 j위치로 복사되고 다음 문자를 확인하기 위해 j가 증가된다. 이 프로그램의 부분을 다음과 같이 바꿀 수 있다.

```
if (s[i] != c){

      s[j] = s[i];
      j++;
}
```

위의 코드는 다음과 같이 바꿀 수 있다.

```
if ( c== '\n')
     s[i++] = c;
```

10.2.10. 비트 연산자

c언어에는 6개의 비트 연산자가 있다. 비트 연산자는 비트 단위로 연산을 진행하는 연산자이며 피연산자는 반드시 정수이어야 한다. 일단 비트 연산자의 종류 및 기능에 대해서 알아보겠다.

<table>
<tr><th>연산자</th><th>연산자의 기능</th><th>결합 방향</th></tr>
<tr><td>&</td><td>비트 단위로 AND 연산을 한다.</td><td>→</td></tr>
<tr><td>|</td><td>비트 단위로 OR 연산을 한다.</td><td>→</td></tr>
<tr><td>·</td><td>비트 단위로 XOR 연산을 한다.</td><td>→</td></tr>
<tr><td>〈〈</td><td>피연산자의 비트 열을 왼쪽으로 이동시킨다.</td><td>→</td></tr>
<tr><td>〉〉</td><td>피연산자의 비트 열을 오른쪽으로 이동시킨다.</td><td>→</td></tr>
<tr><td>~</td><td>단항연산자로써 피연산자의 모든 비트를 반전시킨다.</td><td>←</td></tr>
</table>

각 연산들에 대해서 하나씩 알아보도록 하겠다. 먼저 &(비트방식 AND) 연산자를 살펴보겠다. 이 연산자는 비트의 형을 뜨기 위해 사용된다. AND 연산자의 진리표는 다음과 같다.

A	B	A&B
1	1	1
1	0	0
0	1	0
0	0	0

예제를 통해 비트연산방식에 대해서 확인해 보겠다.

```
#include <stdio.h>

int main(void)

{
int n1 = 15; /* 00000000 00000000 00000000 00001111 */
int n2 = 20; /* 00000000 00000000 00000000 00010100 */
int result = n1&n2; /* 00000000 00000000 00000000 00000100 */
printf("n1 = %d\n",n1);
printf("n2 = %d\n",n2);
printf("result = %d\n",result);
return0;
}
```

```
n1 = 15
n2 = 20
result = 4
```

결과 값을 보면 알 수 있듯이 피연산자는 변하지 않는다. 이 연산자는 다음과 같은 형식으로 사용해서 n의 하위 비트이외의 것을 0으로 만드는데 사용하기도 한다.

```
n = n & 0177;
```

다음으로 비트방식 OR연산자인 |에 대해서 알아보도록 하겠다. OR 연산자는 비트중 하나라도 참(1)이면 1을 반환한다. 진리표는 다음과 같다.

A	B	A|B
1	1	1
1	0	1
0	1	1
0	0	0

예제를 통해 알아보겠다.

```
#include <stdio.h>

{
int n1 = 17; /* 00000000 00000000 00000000 00010001 */
int n2 = 14; /* 00000000 00000000 00000000 00001110 */
int result = n1|n2; /* 00000000 00000000 00000000 00011111 */
printf("n1 = %d\n",n1);
printf("n2 = %d\n",n2);
printf("result = %d\n",result);
return0;
}
```

```
n1 = 17
n2 = 14
result = 31
```

OR 연산자는 다음과 같이 비트를 1로 세트시키는데 사용된다.

```
X = X | SET_ON ;
```

이제 비트방식 XOR 연산자인 ^에 대해서 알아보도록 하겠다. ^연산자는 비트 값이 서로 다르면 1을 반환하는 연산자이다. XOR 진리표는 다음과 같다.

A	B	A·B
1	1	0
1	0	1
0	1	1
0	0	0

예제를 통해서 XOR 연산을 알아보겠다.

```
#include <stdio.h>

{
int n1 = 17; /* 00000000 00000000 00000000 00010001 */
int n2 = 15; /* 00000000 00000000 00000000 00001111 */
int result = n1^n2; /* 00000000 00000000 00000000 00011110 */
printf("n1 = %d\n",n1);
printf("n2 = %d\n",n2);
printf("result = %d\n",result);
return0;
}
```

```
n1 = 17
n2 = 14
result = 30
```

다음으로 이동 연산자 <<와 >>에 대해서 알아보겠다. 먼저 << (좌측이동) 연산자에 대해서 알아보겠다. << 연산자는 다른 연산자와 마찬가지로 두개의 연산자를 필요로 하며, 피연산자는 모두 정수여야 한다. 이 연산자는 다음과 같은 형식으로 사용한다.

```
int C = A<<B ;
```

이것은 "A의 비트열을 B의 크기만큼 좌측으로 이동시켜 C에 저장하라."라는 의미이다. 예제를 통해 알아보겠다.

```
#include <stdio.h>

int main(void)
```

```
{
int n=1;        /* 00000000 00000000 00000000 00000001 */
int r1=n<<1; /* 00000000 00000000 00000000 00000010 */
int r2=n<<2; /* 00000000 00000000 00000000 00000100 */
int r3=n<<3; /* 00000000 00000000 00000000 00001000 */
int r4=n<<4; /* 00000000 00000000 00000000 00010000 */
printf("r1 = %d\n",r1);
printf("r2 = %d\n",r2);
printf("r3 = %d\n",r3);
printf("r4 = %d\n",r4);

return 0;
}
```

```
r1 = 2
r2 = 4
r3 = 8
r4 = 16
```

위의 결과를 보면 알 수 있듯이 n<<3은 우측으로 3칸 이동시키고 빈티드를 0으로 채운다. 결과로 보면 2에 3승을 곱한 것과 같다.

다음으로 우측이동 >>에 대해서 알아보도록 하겠다. 이 연산자도 int C = A >> B;와 같이 구성되며 "A의 비트열을 B 크기만큼 오른쪽으로 이동하라."라는 의미가 된다. 예제를 통해서 알아보겠다.

```
#include <stdio.h>

int main(void)

{
int n=16;       /* 00000000 00000000 00000000 00010000 */
int r1=n>>1; /* 00000000 00000000 00000000 00001000 */
int r2=n>>2; /* 00000000 00000000 00000000 00000100 */
int r3=n>>3; /* 00000000 00000000 00000000 00000010 */
```

```
int r4=n>>4; /* 00000000 00000000 00000000 00000001 */
printf("r1 = %d\n",r1);
printf("r2 = %d\n",r2);
printf("r3 = %d\n",r3);
printf("r4 = %d\n",r4);

return 0;
}
```

```
r1 = 8
r2 = 4
r3 = 2
r4 = 1
```

>> 연산자는 한 칸 이동함으로써 2로 나누는 효과를 얻을 수 있다.

마지막으로 단일 연산자 ~에 대해서 알아보도록 하겠다. 이 연산자는 1을 0으로, 0을 1로 반환한다. 예제를 통해서 알아보겠다.

```
#include <stdio.h>

int main(void)

{
int n1 = -1 /* 11111111 11111111 11111111 11111111 */
int n2 = 0  /* 00000000 00000000 00000000 00000000 */
int result1 = ~n1; /* 00000000 00000000 00000000 00000000 */
int result2 = ~n2; /* 11111111 11111111 11111111 11111111 */
printf("result1 = %d\n",result1);
printf("result2 = %d\n",result2);
return 0;
}
```

위 예제를 통해 알 수 있는 내용을 정리하면 다음과 같다.

- 가장 왼쪽에 있는 부호 비트로 반전시킨다.
- 피연산자가 양수일 시 음수를 반환한다.
- 피연산자가 음수일 시 양수나 0을 반환한다.

이러한 비트 연산자는 설정한 정보가 많은 상황에서 비트 연산자를 활용한 비트 마스크로 사용된다.

10.2.11. 지정 연산자와 수식

수식의 예를 통해서 지정연산자를 알아보겠다. 다음 수식을 보겠다.

```
i = i + 2
```

이 수식의 우변의 변수는 좌측에 중복으로 사용된다. 이를 다음과 같이 사용할 수 있다.

```
i += 2
```

여기서 사용되는 +=는 지정 연산자라 부른다. 대부분의 이원 연산자 (좌측과 우측에 오퍼랜드를 갖는 연산자)에는 그것에 해당하는 지정 연산자가 있다. 지정 연산자 다음중 하나가 된다.

```
+  -  *  /  %  <<  >>  &  ^  |
```

만약 expr1 op = expr2라는 수식이 있다면 이 수식은 expr1 = (expr1) op (expr2)와 같다. 예를 들면 다음과 같다.

```
x *= y+1의 수식은 다음 수식과 같다. x = (x) * (y+1)
```

10.2.12. 조건 연산자

일단 다음문장을 보도록 하겠다.

```
if (a>b)
z = a;
else
z = b;
```

이 문장은 a, b를 비교해 z에 큰 값을 저장한다. 이를 삼원 연산자(ternary operator) "?:"를 통해서 표현할 수 있다. 삼원 연산자는 다음과 같은 형태로 사용된다.

```
expr1 ? expr2 : expr3;
```

위 수식의 의미는 다음과 같다.

"expr1이 참이면 expr2의 값이 계산되고, 그렇지 않으면 expr3의 값이 계산되고 그 값이 조건문이 된다."

위의 문장을 삼항 연산자로 표현하면 다음과 같다.

```
z = (a>b) ? a:b;
```

삼항 연산자로 표현된 다른 문장을 보겠다.

```
x= (y>0) ? fct1(5) : fct2(7);
```

이 문장의 의미는 다음과 같다.

" y가 0보다 크면 fct1 함수, 크지 않으면 fct2 함수호출, 반환 값은 x에 저장"

이 삼항 연산자는 잘 사용하지는 않지만 적절히 사용한다면 if-else 문을 쓰는 것보다 훨씬 좋은 방법이 될 수 있다.

10.2.13. 우선순위와 계산순서

연산식 안에 여러 가지의 수식이 있을 때 계산순서를 결정하는 것이 우선순위와 결합방향이다. 이 부분에서는 우선순위와 결합방향에 대해서 알아본다. 간단한 수식으로 결합방향과 우선순위에 대해서 알아보도록 하겠다.

$$5-1-3\times2$$

위의 수식의 계산과정은 다음과 같다.

- 5 - 1 - 6
- 4 - 6

초등학교수학에서 나올법한 식으로 알아본 우선순위는 다음과 같다.

- 덧셈, 뺄셈보다 곱셈을 먼저 수행한다.

- 연산은 왼쪽에서 오른쪽으로 순서대로 한다.

이제 우선순위와 결합방향이 무엇인지 알았으니 각 연산자들의 우선순위와 결합 방향을 알아보겠다. 만약 if ((x&MASK) == 0)이라는 문장이 있으면 원하는 값을 얻기 위해서는 괄호를 반드시 사용해야 한다. 만약 괄호를 제거한다면 우선순위에 의해 원하는 값을 얻을 수 없다. 또 x = f() + g();와 같은 수식은 f가 먼저 계산될 수도 있고 아닐 수도 있다. 그래서 f나 g가 변수를 변화시키는 경우 계산 순서에 따라 x값이 달라질 수 있다. 이외에 함수에서의 계산 순서도 주의해야 한다. 다음 문장에서 ++n의 증가 시점이 컴파일러마다 다를 수 있으므로 다음과 같이 쓰는 것이 좋다.

```
printf("%d%d\n", ++n, power(2,n));
```

```
++n;
printf("%d%d\n", n, power(2,n));
```

앞에서 살펴본 듯이 약간의 차이로 계산의 결과가 달라질 수 있다. 따라서 괄호를 잘 활용하고, 우선순위를 잘 활용해야 한다.

Chapter 11

실습 프로그램 작성 예

| 학습목표 |

- 아두이노 프로그램 실습에 필요한 코드 예를 기술한다.
- 다양한 프로그램을 학습한다.

| 목차 |

11.1. 간단 실습 코드 작성 예

(실습 1) 프로그램 (p. 74, 그림 5.4. 디지털 IO 모듈 실험을 위한 테스트 프로그램)을 수정해서 LED1(D1)은 항상 점등되어 있고, SW2를 누르면 LED2(D2)가 점등되고, SW3을 누르면 LED3(D3)이 점등되는 모듈을 구현하시오.

작성 예: 그림 5.4에서 아래 프로그램 삭제

```
if(buttonState1 == HIGH )
        digitalWrite(ledPin1, HIGH);
    else
        digitalWrite(ledPin1,LOW);
```

(실습 2) 프로그램(p. 74, 그림 5.4. 디지털 IO 모듈 실험을 위한 테스트 프로그램)을 SW1을 누르면 LED1(D1)이 한 번 점등되고, SW2를 누르면 LED2(D2)가 두 번 점등되고, SW3을 누르면 LED3(D3)이 세 번 점등되고, SW4를 누르면 LED4(D4)가 네 번 점등되는 프로그램을 구현하시오.

작성 예: 그림 5.4에서 if(buttonState1 == HIGH)부터 digitalWrite(ledPin4, LOW); 까지의 프로그램을 아래 프로그램으로 수정

방법 1

```
if(buttonState1 == LOW){
        digitalWrite(ledPin1, HIGH);
        delay(200);
        digitalWrite(ledPin1,LOW);
        delay(200);
    }
```

```
    if(buttonState2 == LOW){
      for (int i=0;i<2;i++){
        digitalWrite(ledPin2, HIGH);
        delay(200);
        digitalWrite(ledPin2,LOW);
        delay(200);
      }
    }

    if(buttonState3 == LOW){
      for (int i=0;i<3;i++){
        digitalWrite(ledPin3, HIGH);
        delay(200);
        digitalWrite(ledPin3,LOW);
        delay(200);
      }
    }

    if(buttonState4 == LOW){
      for (int i=0;i<4;i++){
        digitalWrite(ledPin4, HIGH);
        delay(200);
        digitalWrite(ledPin4,LOW);
        delay(200);
      }
    }
```

방법 2 (수업시간에 사용한 아두이노 프로그램은 버튼을 눌렀을 때 LOW가 되어 동작하고, LED 또한 LOW일 때 점등됨)

```
if(buttonState1 == HIGH)
        digitalWrite(ledPin1, HIGH);
        else
        digitalWrite(ledPin1,LOW);

    if(buttonState2 == HIGH)
        digitalWrite(ledPin2, HIGH);
        else
        {
```

```
        for (int i=0;i<2;i++)
        {
        digitalWrite(ledPin2, LOW);
        delay(200);
        digitalWrite(ledPin2, HIGH);
        delay(200);
        }
  }
   if(buttonState3 == HIGH)
        digitalWrite(ledPin3, HIGH);
        else
        {
        for (int i=0;i<3;i++)
        {
        digitalWrite(ledPin3, LOW);
        delay(200);
        digitalWrite(ledPin3, HIGH);
        delay(200);
        }
  }
   if(buttonState4 == HIGH)
        digitalWrite(ledPin4, HIGH);
        else
        {
        for (int i=0;i<4;i++)
        {
        digitalWrite(ledPin4, LOW);
        delay(200);
        digitalWrite(ledPin4, HIGH);
        delay(200);
        }
  }
```

(실습 3) 프로그램 (p. 88, 그림 6.3. 7SEGMENT 모듈 테스트 프로그램)을 수정하여 4개의 푸시 버튼 스위치(SW1~SW4)에 순서대로 눌렀을 때, 7-세그먼트 디스플레이(U2~U5)에 16진수(0~F)가 디스플레이 되도록 프로그램을 작성하시오.

방법 1 (SW1을 누르면 U2에 F가 디스플레이 되고, SW2를 누르면 U3에 a가 디스플레이 되고, SW3을 누르면 U4에 5가 디스플레이 되고, SW4를 누르면 U5에 1이 디스플레이 된다.)

```
#include <Wire.h>

const int buttonPin1 = 28;
const int buttonPin2 = 29;
const int buttonPin3 = 30;
const int buttonPin4 = 31;

int buttonState1 = 1;
int buttonState2 = 1;
int buttonState3 = 1;
int buttonState4 = 1;

void setup()
{
  pinMode(buttonPin1, INPUT);
  pinMode(buttonPin2, INPUT);
  pinMode(buttonPin3, INPUT);
  pinMode(buttonPin4, INPUT);

  Wire.begin();
  delay(500);
  }

void loop()
{
  const int lookup[16] = {0x3F,0x06,0x5B,0x4F,0x66,0x6D,0x7D,0x07,
                          0x7F,0x6F,0x5F,0x7C,0x58,0x5E,0x7B,0x71};
  int Thousands=0, Hundreds=0, Tens=0, Base=0;
  Wire.beginTransmission(0x38);
  Wire.write((byte) 0);
  Wire.write(B01000111);
  Wire.endTransmission();

  if(ButtonState1 == LOW)
  {
    Base = 15;
    Wire.beginTransmission(0x38);
    Wire.write(1);
    Wire.write(lookup[Base]);
    Wire.write(lookup[Tens]);
```

```
    Wire.write(lookup[Hundreds]);
    Wire.write(lookup[Thousands]);
    Wire.endTransmission();
    delay(10);
  }
  if(ButtonState2 == LOW)
  {
    Tens = 10;
    Wire.beginTransmission(0x38);
    Wire.write(1);
    Wire.write(lookup[Base]);
    Wire.write(lookup[Tens]);
    Wire.write(lookup[Hundreds]);
    Wire.write(lookup[Thousands]);
    Wire.endTransmission();
    delay(10);
  }
  if(ButtonState3 == LOW)
  {
    Hundreds = 5;
    Wire.beginTransmission(0x38);
    Wire.write(1);
    Wire.write(lookup[Base]);
    Wire.write(lookup[Tens]);
    Wire.write(lookup[Hundreds]);
    Wire.write(lookup[Thousands]);
    Wire.endTransmission();
    delay(10);
  }
  if(ButtonState4 == LOW)
  {
    Thousands = 1;
    Wire.beginTransmission(0x38);
    Wire.write(1);
    Wire.write(lookup[Base]);
    Wire.write(lookup[Tens]);
    Wire.write(lookup[Hundreds]);
    Wire.write(lookup[Thousands]);
    Wire.endTransmission();
    delay(10);
  }
}
```

방법 2 (SW1을 누르면 U2에 0~F까지 카운트 되고, SW2를 누르면 U3에 0~F까지 카운트 되고, SW3을 누르면 U4에 0~F까지 카운트 되고, SW4를 누르면 U5에 0~F까지 카운트 된다.)

```
#include <Wire.h>

const int buttonPin1 = 28;
const int buttonPin2 = 29;
const int buttonPin3 = 30;
const int buttonPin4 = 31;

int buttonState1 = 1;
int buttonState2 = 1;
int buttonState3 = 1;
int buttonState4 = 1;

void setup()
{
  pinMode(buttonPin1, INPUT);
  pinMode(buttonPin2, INPUT);
  pinMode(buttonPin3, INPUT);
  pinMode(buttonPin4, INPUT);

  Wire.begin();
  delay(500);

}

void loop()
{
  const int lookup[16] = {0x3F,0x06,0x5B,0x4F,0x66,0x6D,0x7D,0x07,
                          0x7F,0x6F,0x5F,0x7C,0x58,0x5E,0x7B,0x71};
  int Count, U2, U3, U4, U5;
  Wire.beginTransmission(0x38);
  Wire.write((byte) 0);
  Wire.write(B01000111);
  Wire.endTransmission();

  if(ButtonState1 == LOW)
  {
```

```
      for (Count=0;Count<=15;Count++)
      Wire.beginTransmission(0x38);
      Wire.write(1);
      U2 = Count;
      Wire.write(lookup[U2]);
      Wire.endTransmission();
      delay(10);
    }
  }
   if(ButtonState2 == LOW)
    {
      for (Count=0;Count<=15;Count++)
      Wire.beginTransmission(0x38);
      Wire.write(1);
      U3 = Count;
      Wire.write(lookup[U3]);
      Wire.endTransmission();
      delay(10);
    }
  }
  if(ButtonState3 == LOW)
    {
      for (Count=0;Count<=15;Count++)
      Wire.beginTransmission(0x38);
      Wire.write(1);
      U4 = Count;
      Wire.write(lookup[U4]);
      Wire.endTransmission();
      delay(10);
    }
  }
   if(ButtonState4 == LOW)
    {
      for (Count=0;Count<=15;Count++)
      Wire.beginTransmission(0x38);
      Wire.write(1);
      U5 = Count;
      Wire.write(lookup[U5]);
      Wire.endTransmission();
      delay(10);
    }
  }
}
```

(실습 4) 프로그램 (p. 127, 그림 7.24. Bluetooth & Zigbee 모듈 테스트 프로그램)을 수정해서 Digital IO Module을 추가로 연결하여 LED4가 점등된 상태에서 "A" 키를 누를 때마다 LED4를 점등/소등을 반복하는 프로그램을 작성하시오.

```
int incomingByte;

void setup()
{
     // set the data rate for the SoftwareSerial port
     Serial.begin(9600);
     Serial.println("Bluetooth Connection Test");
     Serial.println("Send Data By Serial Teminal");

     Serial3.begin(9600);

     digitalWrite(8, HIGH);

      pinMode(27, OUTPUT);

}

void loop() {

     if(Serial3.available() > 0  )
     {
          incomingByte = Serial3.read();

          Serial.println(incomingByte, DEC);

          if(incomingByte == 97){
            digitalWrite(27, LOW);
            delay(500);
            digitalWrite(27,HIGH);
            delay(500);
          }
          //echo the data by bluetooth
          Serial3.print("Recv d: ");
          Serial3.println(incomingByte+1, DEC);
     }
}
```

11.2. 종합 실습 코드 작성 예

(실습 1) 4개의 모듈(PWM, Digital I/O, LCD, 초음파)을 이용 먼저 초음파를 사용하여 거리를 측정, LCD에 그 값을 표시하며, 거리에 따라 led 핀의 불이 들어오게 한다. 거리(Distance)에 따라 50이하일 때는 led1에 신호, 50초과 100이하일 때는 led2에 신호, 100초과 150이하 일 때는 led3에 신호, 200초과 했을 때는 led4에 신호 + PWM의 beep 음이 울리도록 프로그램을 구현하시오.

```
#include <Wire.h>
//constants won't change. They're used here to set pin numbers:
const int ledPin1 = 24; // the number of the LED pin (PIN24)
const int ledPin2 = 25; // the number of the LED pin (PIN25)
const int ledPin3 = 26; // the number of the LED pin (PIN26)
const int ledPin4 = 27; // the number of the LED pin (PIN27)
#include <LiquidCrystal.h> //J6 , J2
LiquidCrystal lcd(40, 41, 42, 43, 44, 45);
int cnt;
int dummcnt;
long Distance;
long Tempture = 25;
unsigned long duration;
int pin = 15;
const int pwmpin = 33;

int hz = 0;
int buttonState = 0; // variable for reading the pushbutton status
int value = 0xF0;

void setup() {
Serial.begin(9600);
Tempture = 25;
pinMode(pin,OUTPUT);
pinMode(pwmpin,OUTPUT);
digitalWrite(pin, LOW);
cnt = 0;
  lcd.begin(8,2); // columns, rows. use 16,2 for a 16x2 LCD, etc.
  lcd.clear(); // start with a blank screen
```

```
  Wire.begin(); // join i2c bus (address optional for master)
delay(500);
pinMode(ledPin1, OUTPUT);
pinMode(ledPin2, OUTPUT);
pinMode(ledPin3, OUTPUT);
pinMode(ledPin4, OUTPUT);
}

void loop() {

pinMode(pin,OUTPUT);
digitalWrite(15,HIGH);
delayMicroseconds(10);
digitalWrite(15,LOW);
pinMode(pin,INPUT);
duration = pulseIn(pin, HIGH);
Distance = (331.5 + 0.607 * Tempture) * ( duration * 0.001 / 2 );
Serial.print("value = ");
Serial.println(Distance, DEC);
lcd.setCursor(0,0);
lcd.print(Distance);
delay(1000);
lcd.clear();
if(Distance <= 50)
  digitalWrite(ledPin1, LOW);
else
  digitalWrite(ledPin1, HIGH);

if(Distance > 50 && Distance <= 100)
  digitalWrite(ledPin2, LOW);
else
  digitalWrite(ledPin2, HIGH);

if(Distance > 100 && Distance <= 150)
  digitalWrite(ledPin3, LOW);
else
  digitalWrite(ledPin3, HIGH);

if(Distance > 200){
  digitalWrite(ledPin4, LOW);
  tone(pwmpin,5000);
}
  else{
```

```
        digitalWrite(ledPin4,  HIGH);
        tone(pwmpin,0);
    }
    }
```

(**실습** 2) 물체와의 거리를 알려주고 경보음을 발생 시키는 모듈을 구현한다. 초음파센서를 이용 하여 거리를 측정하고, LED에서 거리에 따라 LED가 점등되고, LCD에서는 물체와의 거리를 표시해 주며, PWM에서 거리가 가까워지면 경보음이 발생하게 하는 프로그램을 구현하시오. 이러한 프로그램은 자동차 후방감지센서 등에서 사용가능하다.

```
// constants won't change. They're used here to set pin numbers:
const int ledPin1 = 24; // the number of the LED pin (PIN24)
const int ledPin2 = 25; // the number of the LED pin (PIN25)
const int ledPin3 = 26; // the number of the LED pin (PIN26)
const int ledPin4 = 27; // the number of the LED pin (PIN27)

#include <LiquidCrystal.h>
// Connections:
// rs (LCD pin 40) to Arduino pin 40
// enable (LCD pin 41) to Arduino pin 41
// LCD pins d4, d5, d6, d7 to Arduino pins 42,43,44,45
LiquidCrystal lcd(40, 41, 42, 43, 44, 45);

const int pwmpin = 33; // the number of the LED pin
int hz = 0;
// variables will change:
int buttonState = 0; // variable for reading the pushbutton status
int value = 0xF0;


int cnt;
int dummcnt;
long Distance;
long Tempture;
unsigned long duration;
```

```
int pin = 15;

void setup() {
// initialize the LED pin as an output:
pinMode(ledPin1, OUTPUT);
pinMode(ledPin2, OUTPUT);
pinMode(ledPin3, OUTPUT);
pinMode(ledPin4, OUTPUT);
// initialize the pushbutton pin as an input:

pinMode(pwmpin, OUTPUT);

Serial.begin(9600);
Tempture = 25;
pinMode(pin,OUTPUT);
digitalWrite(pin, LOW);
cnt = 0;
}

void loop()
{

delay(1000);
pinMode(pin,OUTPUT);
digitalWrite(15,HIGH);
delayMicroseconds(10);
digitalWrite(15,LOW);
pinMode(pin,INPUT);
duration = pulseIn(pin, HIGH);
Distance = (331.5 + 0.607 * Tempture) * ( duration * 0.001 / 2 );
Serial.print("value = ");
Serial.println(Distance, DEC);

if(Distance<=250)
{
  digitalWrite(ledPin1,LOW);
  digitalWrite(ledPin2,LOW);
  digitalWrite(ledPin3,LOW);
  digitalWrite(ledPin4,LOW);

  tone(pwmpin,5000);
  delay(10);
  tone(pwmpin,5000);
```

```
    delay(20);
    tone(pwmpin,5000);
    delay(10);
    tone(pwmpin,5000);
    delay(20);


  }

  if(Distance<=500)
  {
    digitalWrite(ledPin1,LOW);
    digitalWrite(ledPin2,LOW);
    digitalWrite(ledPin3,LOW);
    digitalWrite(ledPin4,HIGH);

    tone(pwmpin,0);
  }

  if(Distance<=750)
  {
    digitalWrite(ledPin1,LOW);
    digitalWrite(ledPin2,LOW);
    digitalWrite(ledPin3,HIGH);
    digitalWrite(ledPin4,HIGH);

    tone(pwmpin,0);
  }

  else
  {
    digitalWrite(ledPin1,LOW);
    digitalWrite(ledPin2,HIGH);
    digitalWrite(ledPin3,HIGH);
    digitalWrite(ledPin4,HIGH);

    tone(pwmpin,0);
  }

  lcd.begin(8,2); // columns, rows. use 16,2 for a 16x2 LCD, etc.
  lcd.clear(); // start with a blank screen
  lcd.setCursor(0,0); // set cursor to column 0, row 0 (the first row)
  lcd.print("Distance"); // change this text to whatever you like. keep it clean.
```

```
lcd.setCursor(0,1); // set cursor to column 0, row 1
lcd.print(Distance);

}
```

(실습 3) LED, LCD, BEEP, 초음파 센서를 사용하고, 거리를 측정하여 LCD에 표시한다. 거리가 1,500 미만이라면 LED 4번에 불이 켜지고 비프음을 활용한 노래가 나온다. 거리가 1,500이상 이라면 대기 상태로 LED4번은 소등되고 일정한 비프음이 발생하는 프로그램을 구현하시오.

```
#include <LiquidCrystal.h>
LiquidCrystal lcd(40, 41, 42, 43, 44, 45);

int cnt;
int dummcnt;
long Distance;
long Tempture;
unsigned long duration;
const int pwmpin = 33;
int hz = 0;
int pin = 15;


const int ledPin3 = 26;
const int ledPin4 = 27;

void setup() {
pinMode(ledPin3, OUTPUT);
pinMode(ledPin4, OUTPUT);
pinMode(pwmpin, OUTPUT);
pinMode(pin,OUTPUT);
digitalWrite(pin, LOW);
cnt = 0;

}
```

```
void loop() {
delay(1000);
pinMode(pin,OUTPUT);
digitalWrite(15,HIGH);
delayMicroseconds(10);
digitalWrite(15,LOW);
pinMode(pin,INPUT);
duration = pulseIn(pin, HIGH);
Distance = (331.5 + 0.607 * Tempture) * ( duration * 0.001 / 2 );

lcd.begin(8,2);
lcd.clear();
lcd.setCursor(0,0);
lcd.print("Distance");
lcd.setCursor(0,1);
lcd.println(Distance);

if(Distance >= 2000)
{
tone(pwmpin,0);
digitalWrite(ledPin3, LOW);
}
else
{
tone(pwmpin,440);
delay(500);
tone(pwmpin,523);
delay(500);
tone(pwmpin,494);
delay(500);
tone(pwmpin,440);
delay(500);
tone(pwmpin,659);
delay(1000);
tone(pwmpin,698);
delay(1000);
tone(pwmpin,659);
delay(1000);
tone(pwmpin,659);
delay(1000);
tone(pwmpin,698);
delay(500);
```

```
tone(pwmpin,880);
delay(500);
tone(pwmpin,784);
delay(500);
tone(pwmpin,698);
delay(500);
tone(pwmpin,659);
delay(500);
digitalWrite(ledPin4, HIGH);
}
}
```

(**실습** 4) 전자 피아노 연주 게임 프로그램을 구현한다. 7-Segment, Beep, LCD, Key button 모듈 등을 이용한다. button을 눌러 beep에서 소리가 나도록 설정하고, 제일 왼쪽 버튼부터 도, 레, 미, 솔의 음이 나도록 주파수를 설정한다. LCD에는 현재 눌러야 할 계이름과 다음번 계이름을 표시한다. 7-Segment를 통하여 현재 계이름의 박자, 즉 얼마 동안 누르고 있어야 하는지를 표시하는 프로그램을 구현하시오.

```
#include <Wire.h>
#include <LiquidCrystal.h>
const int lookup[10] = {0x3F,0x06,0x5B,0x4F,0x66,0x6D,0x7D,0x07,0x7F,0x6F};
LiquidCrystal lcd(40, 41, 42, 43, 44, 45);

const int buttonPin1 = 28; // the number of the pushbutton pin (PIN28)
const int buttonPin2 = 29; // the number of the pushbutton pin (PIN29)
const int buttonPin3 = 30; // the number of the pushbutton pin (PIN30)
const int buttonPin4 = 31; // the number of the pushbutton pin (PIN31)

int buttonState1 = 1;
int buttonState2 = 1;
int buttonState3 = 1;
int buttonState4 = 1;

const int pwmpin = 9;
int hz = 0;
int buttonState = 0;
```

```
int value = 0xF0;
unsigned int frqArray[7] = {262, 294, 330, 349, 392, 440, 494};

int i = 0;
int what;
unsigned int music[35] = {3,2,1,2,3,3,3,2,2,2,3,5,5,3,2,1,2,3,3,3,2,2,3,2,1,0,0,0,0,0,0};
int delay_t[25] = {25,10,25,25,10,10,25,10,10,25,25,25,25,25,10,25,25,25,25,25,25,25,25,
25,50};

void setup() {
  pinMode(pwmpin, OUTPUT);

  lcd.begin(8,2); // columns, rows. use 16,2 for a 16x2 LCD, etc.
  lcd.clear(); // start with a blank screen
  lcd.setCursor(0,0); // set cursor to column 0, row 0 (the first row)
  lcd.print("Hello"); // change this text to whatever you like. keep it clean.
  lcd.setCursor(0,1); // set cursor to column 0, row 1
  lcd.print("World");

  pinMode(buttonPin1, INPUT);
  pinMode(buttonPin2, INPUT);
  pinMode(buttonPin3, INPUT);
  pinMode(buttonPin4, INPUT);

  Wire.begin(); // join i2c bus (address optional for master)
  delay(25);
}

void loop(){
  tone(pwmpin,hz);

  Wire.beginTransmission(0x38);
  Wire.write((byte) 0);
  Wire.write(B01000111);
  Wire.endTransmission();

  buttonState1 = digitalRead(buttonPin1);
  buttonState2 = digitalRead(buttonPin2);
  buttonState3 = digitalRead(buttonPin3);
  buttonState4 = digitalRead(buttonPin4);

  if(music[i]==what && (!buttonState1||!buttonState2||!buttonState3||!buttonState4)){
    if(delay_t[i]>0){       delay_t[i]--;     }
```

```
    else {      i++;        what = 0;       noTone(pwmpin);     }
  }

  if(buttonState1 == LOW ){
    what = 1; tone(pwmpin,frqArray[0]); // do
  }
  if(buttonState2 ==LOW){
    what = 2; tone(pwmpin,frqArray[1]); // re
  }
  if(buttonState3 == LOW ){
    what = 3; tone(pwmpin,frqArray[2]); // mi
  }
  if(buttonState4 == LOW ){
    what = 5; tone(pwmpin,frqArray[4]); // sol
  }

  if(i==25) {     i=0;      setdelay();  }

  lcd.begin(8,2); // columns, rows. use 16,2 for a 16x2 LCD, etc.
  lcd.clear(); // start with a blank screen
  lcd.setCursor(0,0); // set cursor to column 0, row 0 (the first row)
  lcd.print("airplane"); // change this text to whatever you like. keep it clean.
  lcd.setCursor(0,1); // set cursor to column 0, row 1
    switch(music[i]){
      case 1: lcd.print("do "); break;
      case 2: lcd.print("re "); break;
      case 3: lcd.print("mi "); break;
      case 5: lcd.print("sol "); break;
    }
    switch(music[i+1]){
      case 1: lcd.print("do "); break;
      case 2: lcd.print("re "); break;
      case 3: lcd.print("mi "); break;
      case 5: lcd.print("sol "); break;
    }
  delay(10);

  Wire.beginTransmission(0x38);   Wire.write(1);
  Wire.write(lookup[delay_t[i]/1000]);
  Wire.write(lookup[delay_t[i]/100%10]);
  Wire.write(lookup[delay_t[i]/10%10]);
  Wire.write(lookup[delay_t[i]%10]);
  Wire.endTransmission();
```

```
    delay(10);
  }

  void setdelay(){
    delay_t[0] = 25;  delay_t[1] = 10;  delay_t[2] = 25;  delay_t[3] = 25;
    delay_t[4] = 10;  delay_t[5] = 10;  delay_t[6] = 25;
    delay_t[7] = 10;  delay_t[8] = 10;  delay_t[9] = 25;
    delay_t[10] = 25;  delay_t[11] = 25;  delay_t[12] = 25;
    delay_t[13] = 25;  delay_t[14] = 10;  delay_t[15] = 25;  delay_t[16] = 25;
    delay_t[17] = 25;  delay_t[18] = 25;  delay_t[19] = 25;
    delay_t[20] = 25;  delay_t[21] = 25;  delay_t[22] = 25;  delay_t[23] = 25;
    delay_t[24] = 1000;
  }
```

* 프로그램 실행 결과 설명

떳다떳다 비행기 연주 프로그램을 제작. 아두이노 내부에 떳다떳다 비행기 음계와 박자를 삽입시켜둔 뒤 사용자는 버튼을 눌러 연주할 수 있게 한다. LCD 화면을 통하여 현재 눌러야 할 음계와 다음에 눌러야 할 음계를 표시하여 주며, 현재 음계를 어느 정도 길이로 눌러야 하는지 또한 segment를 통해 표시해 주어 보다 완벽한 연주를 할 수 있도록 설계하였다. 노래가 다 끝난 다음에는 자동으로 제일 첫 부분으로 돌아가 다시 연주할 수 있게 하였다.

(실습 5) arduino를 이용하여 간단한 숫자 맞추기 게임을 구현

(1) 작동 과정

① Serial을 통해 'A'를 입력받음. 입력받기 전까진 게임이 작동하지 않는다.

② 'A'를 입력받고 나면 타이머가 작동한다. 10초 안에 1~5까지 범위의 숫자를 맞춰야 한다.

- 맞출 경우 : LCD 화면에 축하한다는 메시지가 출력되며 3초 후 게임이 다시 진행된다. 답을 틀릴 때 까지 진행.
- 시간이 경과할 경우 : 경고음이 울리며 실패했다는 메시지가 LCD와 Serial 모니터

에 출력된다.

③ 1로 돌아간다.

* 시간의 경과에 따라 LED가 하나씩 꺼진다.

* 비프음을 짧게 울려 초시계의 역할을 하게 한다.

(2) 사용 모듈 : LED, LCD, 7 Segment, Beep

(3) 코드

```
#include <Wire.h>
#include <LiquidCrystal.h>

LiquidCrystal lcd(40, 41, 42, 43, 44, 45);

const int bpPin = 9;

const int ledPin1 = 24;
const int ledPin2 = 25;
const int ledPin3 = 26;
const int ledPin4 = 27;

const int buttonPin1 = 28;
const int buttonPin2 = 29;
const int buttonPin3 = 30;
const int buttonPin4 = 31;

int buttonState1 = 1;
int buttonState2 = 1;
int buttonState3 = 1;
int buttonState4 = 1;

int hz = 1000;

int ch;

void setup()
{
  Wire.begin();
  Serial.begin(9600);

  pinMode(bpPin, OUTPUT);
```

```
  pinMode(ledPin1, OUTPUT);
  pinMode(ledPin2, OUTPUT);
  pinMode(ledPin3, OUTPUT);
  pinMode(ledPin4, OUTPUT);
  lcd.begin(8,2);
  lcd.clear();
  lcd.setCursor(0,0);
  lcd.print("Hello");
  lcd.setCursor(0,1);
  lcd.print("WELCOME");
  Serial.println("If you want to start, PRESS 'A'");
}

void loop()
{
  char rnd = random(4)+1+'0';
  const int lookup[10] = {0x3F,0x06,0x5B,0x4F,0x66,
                          0x6D,0x7D,0x07,0x7F,0x6F};
  int Count,Thousands, Hundreds, Tens, Base;

  char ch = Serial.read();
    lcd.setCursor(0,0);
    lcd.print("Hello");
    lcd.setCursor(0,1);
    lcd.print("WELCOME");
    if(ch=='A'){
    Serial.println("GUESS IT!");
    Serial.print("answer = " );
    Serial.println(rnd);

    Wire.beginTransmission(0x38);
    Wire.write((byte) 0);
    Wire.write(B01000111);
    Wire.endTransmission();

  for(Count=0;Count<=10;Count++){
    char ans = Serial.read();
    tone(bpPin, hz);
    delay(200);
    tone(bpPin, 0);
    lcd.clear();
        lcd.setCursor(0,0);
```

```
lcd.print("Hello");
lcd.setCursor(0,1);
lcd.print("WELCOME");

if(ans == char(rnd)){
      lcd.clear();
      lcd.setCursor(0,0);
      lcd.print("Congrats");
      lcd.setCursor(0,1);
      lcd.print("GOOD");
      delay(3000);
      Count=0;
}
if(Count == 3){
   digitalWrite(ledPin1, HIGH);
}
if(Count == 5){
   digitalWrite(ledPin2, HIGH);
}
if(Count == 7){
   digitalWrite(ledPin3, HIGH);
}


Wire.beginTransmission(0x38);
Wire.write(1);
Thousands = Count/1000;
Hundreds = (Count-(Thousands*1000))/100;
Tens = (Count-((Thousands*1000)+(Hundreds*100)))/10;
Base = Count-((Thousands*1000)+(Hundreds*100)+(Tens*10));
Wire.write(lookup[Thousands]);
Wire.write(lookup[Hundreds]);
Wire.write(lookup[Tens]);
Wire.write(lookup[Base]);
Wire.endTransmission();
      if(Count == 10){
   lcd.clear();
   digitalWrite(ledPin4, HIGH);
   lcd.clear();
 lcd.setCursor(0,0);
   lcd.print("FAIL");
   lcd.setCursor(0,1);
   lcd.print("retry");
```

```
          tone(bpPin, 2500);
          delay(3000);

          Serial.println("You Lose! Try Again!");
        }
        delay(500);
      }
      }
        digitalWrite(ledPin1, LOW);
        digitalWrite(ledPin2, LOW);
        digitalWrite(ledPin3, LOW);
        digitalWrite(ledPin4, LOW);
        hz = 1000;
        tone(bpPin, 0);
}
```

찾아보기

[가~하]

[A~Z]